Jo Thal

Anlagenbau
in Modultechnik
für Modelleisenbahnen und Dioramen

Zum gleichen Thema bietet die Falken-Videothek
eine lebendige Darstellung außergewöhnlicher
Gestaltungsmöglichkeiten an: „Die Modelleisenbahn.
Anlagenbau in Modultechnik" (Nr. 6029)

CIP-Titelaufnahme der Deutschen Bibliothek

Thal, Jo:
Anlagenbau in Modultechnik für
Modelleisenbahnen und Dioramen / Jo Thal.
[Fotos: Alexander Krause. Zeichn.: Pia Selbach]. –
Niedernhausen/Ts.: Falken-Verl., 1988
   (Falken-Bücherei)
   ISBN 3-8068-0845-7

ISBN 3 8068 0845 7

© 1988 by Falken-Verlag GmbH, 6272 Niedernhausen/Ts.
Aufbauten und Konzeption:
Modellbau-Filmstudio Heidelberg
Aufnahmeleitung: Michaele Hundehege
Titelbild und Fotos: Alexander Krause, Singen;
Foto S. 45: Dr. Jo W. Tuengerthal,
Modellbau-Filmstudio Heidelberg
Zeichnungen: Pia Selbach, Wiesbaden
Teile der Abb. S. 62: mit freundlicher Genehmigung der
kibri Spielwarenfabrik GmbH, Böblingen
Die Ratschläge in diesem Buch sind von Autor und Verlag
sorgfältig erwogen und geprüft, dennoch kann eine
Garantie nicht übernommen werden. Eine Haftung des
Autors bzw. des Verlages und seiner Beauftragten für
Personen-, Sach- und Vermögensschäden
ist ausgeschlossen.
Satz: Studio Oberländer, Wiesbaden
Druck: Zumbrink Druck GmbH, Bad Salzuflen

817 2635 4453 6271

Inhalt

Vorwort

Auf einer kleinen Platte die große Welt in ein Stückchen Idylle verwandeln: Ein Szenarium schaffen, das nicht nur die Außenwelt kopiert, sondern die eigene schöpferische Anschauung davon wiedergibt; ein sonniges Fleckchen Erde also, durch das man am liebsten selber als Mini-Persönchen tollen möchte.

Das einzelne Modul eines solchen Szenariums im Wohnzimmer kann zugleich Keimzelle einer ganzen Modellanlage werden. Man kann es in den Kofferraum packen und sich zum großen Spielbetrieb mit anderen Anlagen- und Dioramenbauern treffen, solange die Module mit ihren Anschlußstücken genormt sind.

Städtebau und Landschaftsgestaltung sind neben neuartigen mechanischen Kabinettstücken, durch die in die Stadt Bewegung gebracht und den Figuren „Leben eingehaucht" wird, Schwerpunkte dieses Buches.

Der Bahnbetrieb steht etwas im Hintergrund; der Bahnhof fügt sich – trotz realistischer Ausmaße – dezent ein, ohne die Anlage zu dominieren.

Der Gleisanlagenbau wird zwar angerissen, zur intensiveren Beschäftigung aber auf die Vielzahl der im Handel erhältlichen Gleisbaubücher verwiesen.

Wir möchten also den Spaß am individuellen Gestalten und Spielen wecken und den Blick für die vielen kleinen, liebenswerten Dinge unseres Hobbys schärfen – für die winzigen Details an unserer Bahnanlage ebenso wie beispielsweise für die drei weißen Babylätzchen, die im grauen Seuthe-Dampf hinter dem Bahnwärterhäuschen an der Leine baumeln.

Bei aller Vorbildtreue wollen wir aber vor allem die erfüllten Mußestunden unseres Wegtauchens aus der nüchternen Alltagswelt genießen: In unserer eigenen Stadt, in der ewiger Frühling herrscht und der Liter Milch noch 10 Pfennig kostet (im Maßstab 1 : 87).

Von diesem Maßstab (HO) gehen wir im Buch aus. Allerdings bringen wir nicht nur optisch, sondern auch mechanisch ein bißchen Bewegung hinein, die Sie wiederum leicht auf andere Baugrößen übertragen können – Spielen als Höhepunkt unseres kreativen Schaffens verstanden.

Dankbarst schüttle ich hiermit die hilfreichen Hände der verschiedenen Mitarbeiter unseres Modellbau-Filmstudios, die manch angebrochene Nacht an der Modellanlage Liebstadt gebaut haben.

Herrn Manfred Orth aber schüttle ich den ganzen Arm. Er war der Cheftüftler und Theoretiker, der auch wesentlich zu diesem Buch beigetragen hat.

Technic for Phantasy – lassen auch Sie sich begeistern!

Jo Thal

Die Stadt stellt sich vor

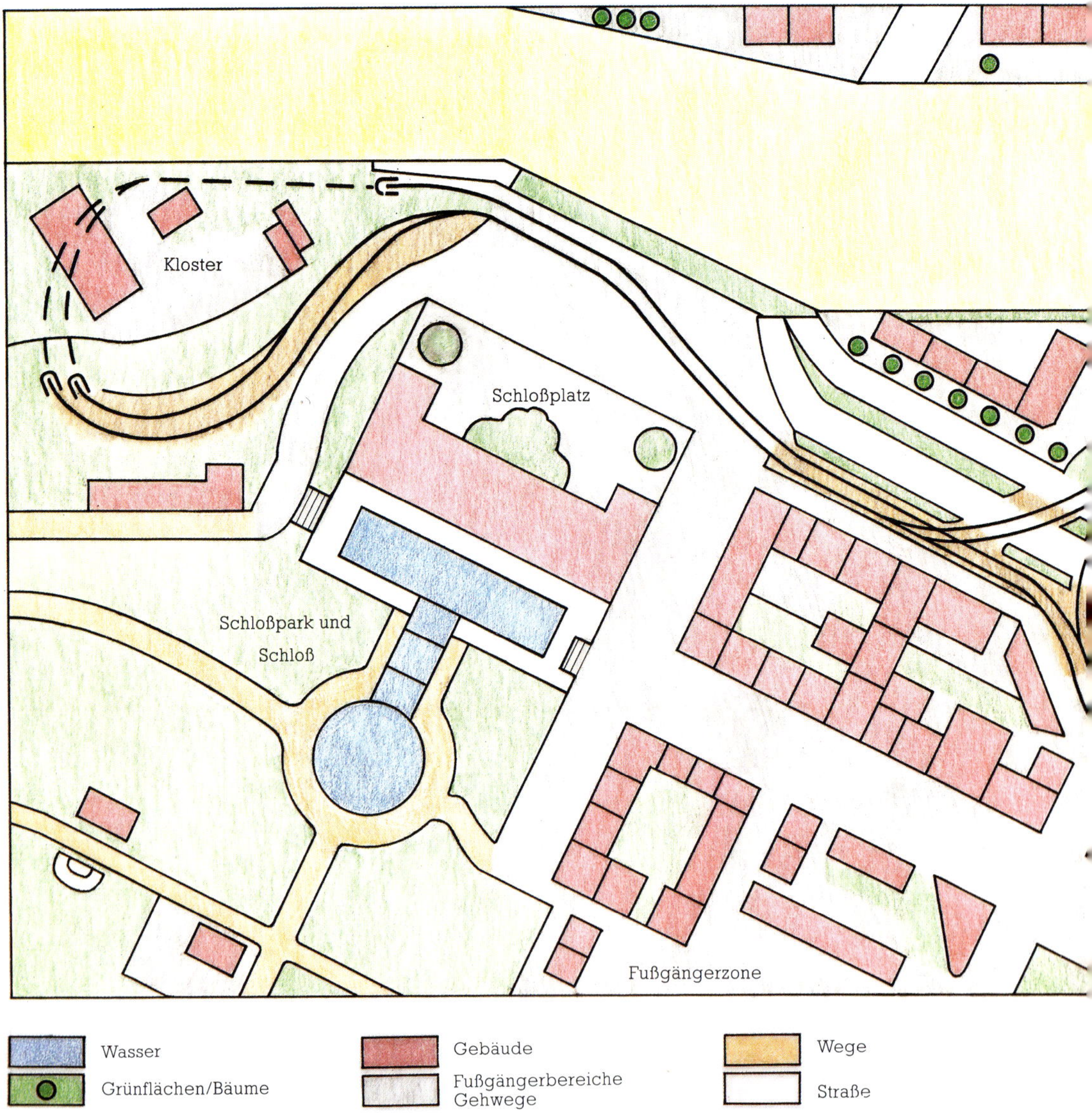

Kloster

Schloßplatz

Schloßpark und
Schloß

Fußgängerzone

	Wasser		Gebäude		Wege
	Grünflächen/Bäume		Fußgängerbereiche Gehwege		Straße

Abb. 1: Plan der Anlage Liebstadt

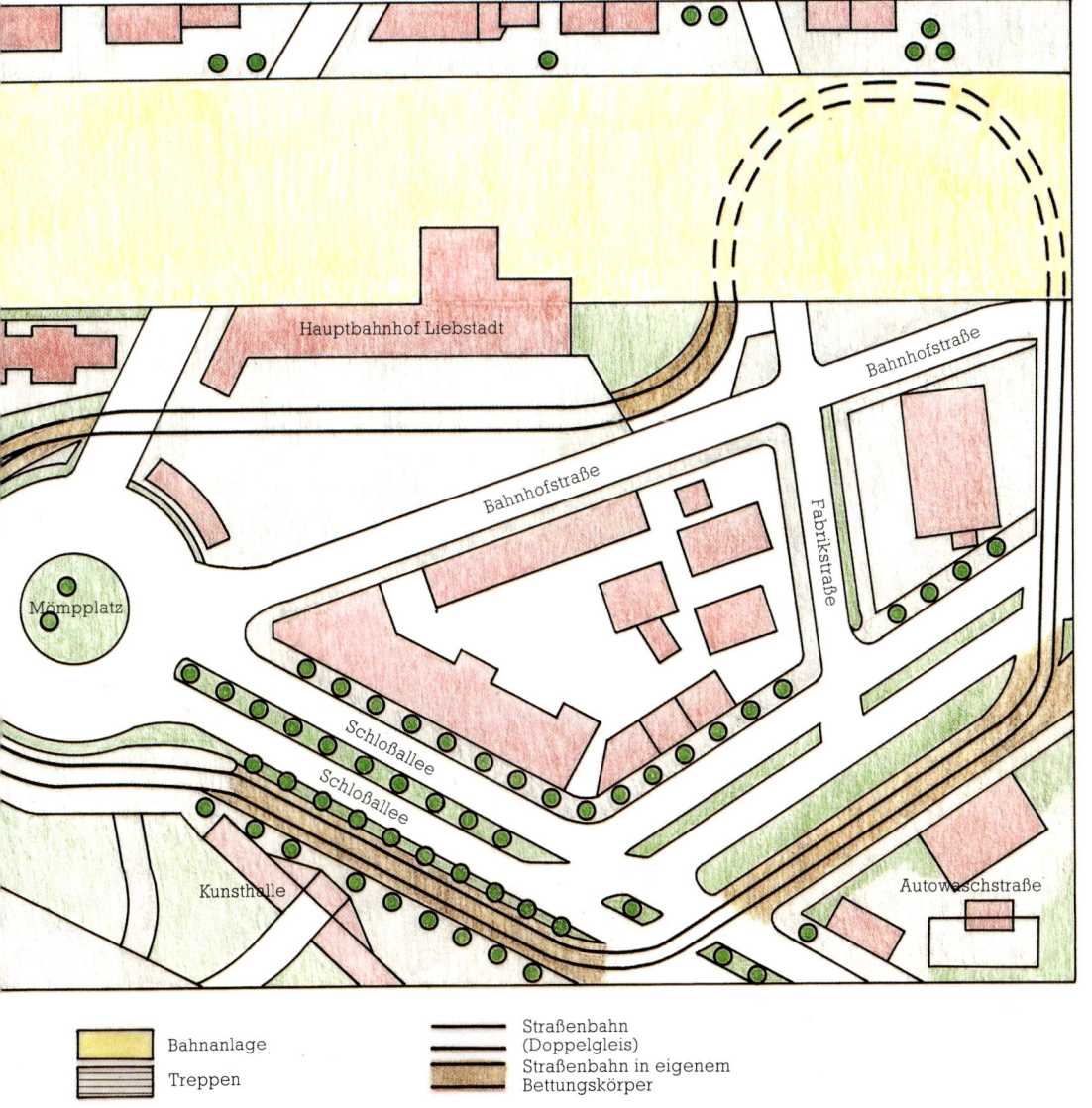

Bahnanlage

Treppen

Straßenbahn
(Doppelgleis)

Straßenbahn in eigenem
Bettungskörper

Abb. 2: In Liebstadt herrscht reger Auto- und Bahnverkehr.

Kapitel 1

Wir bauen in Modulen

Am besten baut man eine Anlage in Teilstücken auf. Ein Teilstück sollte von überschaubarer Größe und leicht transportabel sein. Sind die mechanischen und elektrischen Verbindungen der Teilstücke in irgendeiner Weise normiert, spricht man von Modulen. Dieser Begriff stammt aus der Elektronik und bezeichnet ein leicht austauschbares Bauteil, das als Untersysteme eine geschlossene Funktionseinheit des Gesamtsystems bildet.

Vorteile der Modulbauweise
- Die fertige Anlage kann z. B. bei einem Umzug zerlegt und transportiert werden.
- Module lassen sich aus dem Gesamtsystem herausnehmen und neu gestalten.
- Einzelne Teilstücke lassen sich in neue Anlagen integrieren.
- Mehrere Personen können ihre Module zu einer großen Anlage zusammenrücken. Dazu müssen sie sich jedoch über die Verbindungen der Module geeinigt und bestimmte Maße untereinander abgesprochen haben. So ist beispielsweise zu klären, ob und wo Bahnstrecken oder Wege verlegt werden, in welcher Höhe, gemessen von der Modulunterkante, die Bahntrasse verläuft, wie die Module miteinander verbunden werden und wie die Stromversorgung erfolgen soll.

Abb. 3: Ein Modul im Rohbau und ein fertiges Modul: Modulverbinder und Flachbandkabelverbindung sind gut sichtbar.

1. Unser Modulsystem

Bei der Entwicklung unseres Modulsystems haben wir einige Kriterien aufgestellt, um das System flexibel zu halten:
- Die Module sollen nach allen Seiten erweiterbar sein.
- Die Modulform und Größe soll beliebig gewählt werden können. Modulkanten sollen da gesetzt werden können, wo es dem Erbauer aufgrund seiner Anlagenplanung sinnvoll erscheint.
- Werden mehrere Module aneinandergerückt, so sollten diese miteinander verschraubt werden können. Dazu müssen die Modulkanten entsprechend vorbereitet sein. Die Anschlußelemente sollen so beschaffen sein, daß die unterschiedlichsten Module miteinander verbunden werden können.

- Die Modulkanten sollen Platz für die elektrischen Verbindungen lassen. Dies ist besonders wichtig, wenn die Anlage auch einmal auf einer Tischplatte aufgestellt werden soll.
- Das Zusammenfügen und Auseinandernehmen einer Modulanlage soll möglichst einfach sein und wenig Zeit in Anspruch nehmen.
- Der Modulrahmen soll so angebracht sein, daß er die Verkabelung eines Moduls schützt.
- Der elektrische Anschluß der Module muß möglichst einfach und überschaubar erfolgen. Jedes Modul wird so verdrahtet, daß es direkt an die Schalter beim Trafopult angeschlossen werden kann.

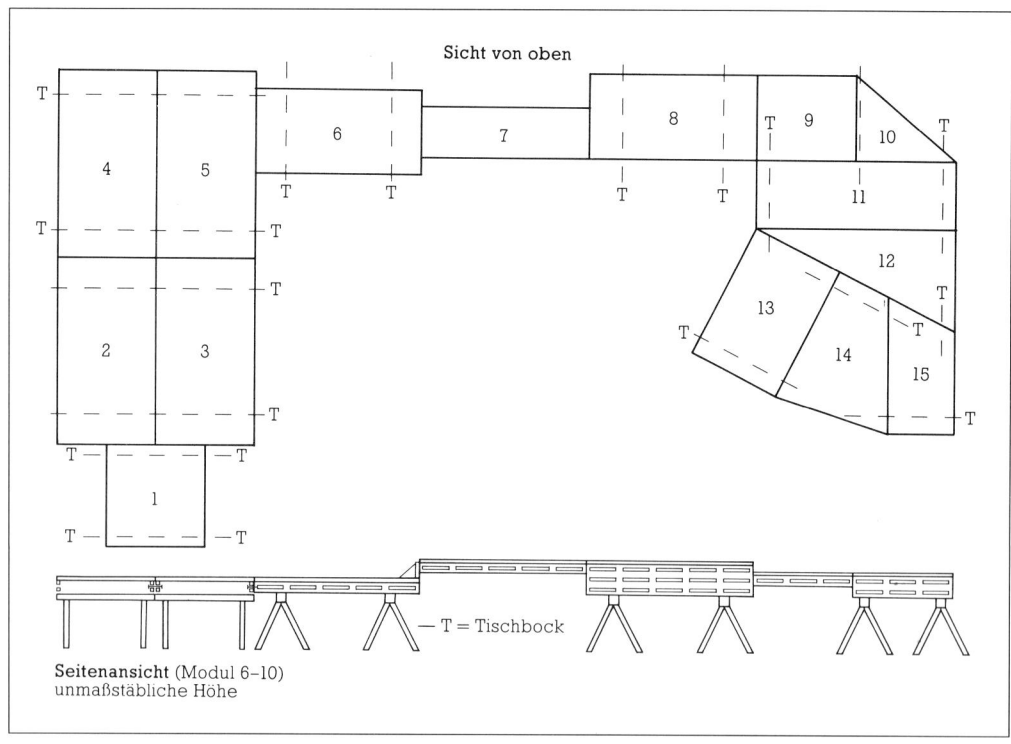

Sicht von oben

Seitenansicht (Modul 6–10)
unmaßstäbliche Höhe

— T = Tischbock

Abb. 4: Beispiel für Modulkombinationen

Abb. 5: Das Modul des Schlosses Liebstadt im Wohnzimmer

● Der Bahnbetrieb soll natürlich auch über die Modulgrenzen hinweg stattfinden können. Damit man die Bahngleise unterschiedlicher Module verbinden kann, müssen einige Normen und gewisse Maße eingehalten werden: Die Abstände zwischen den Gleisen und die Höhe der Gleise über der Modulkante müssen gleich sein. Selbstverständlich müssen die elektrischen Modellbahnsysteme auf den beiden Modulen zueinander passen. Keine Angst, all diese Anforderungen kann das hier vorgestellte Modulsystem erfreulicherweise erfüllen. Wichtig ist dabei, daß die Modulkanten mit Schlitzen versehen werden. Alle Seiten eines Moduls können mit diesen Schlitzkanten ausgestattet werden. Dadurch wird das Modul nach allen Seiten hin erweiterbar, denn an die Modulkanten können weitere entsprechend ausgestattete Module mit beliebiger Größe und Kantenform freizügig angeschlossen werden (siehe Skizze). Dazu benötigen Sie lediglich zwei Flügelschrauben, zwei Unterlegscheiben und zwei Flügelmuttern. Die Schrauben stecken wir durch die Schlitze und drehen sie fest. Die elektrischen Verbindungen werden ebenfalls durch die Schlitze gesteckt, die Module können also auch auf einem Tisch aufgestellt werden.

Der fast 5 cm hohe Rahmen schützt die Verkabelung an der Anlagenunterseite.

Zur Stromversorgung der Module schlagen wir Flachbandkabel vor, deren Verwendung wir beispielhaft in einer Beleuchtungsmatrix (Kapitel 7) vorführen. Für den Bahnbetrieb haben wir einen Vorschlag mit Maßangaben für Modulübergänge in einer besonderen Skizze (Kapitel 2.2) zusammengestellt.

Das Modulsystem Liebstadt unterscheidet sich von anderen Systemen, weil hier weder vorgeschriebene Geländeprofile noch umfangreiche Baunormenkataloge die Kreativität behindern. Die beliebige Modulform sowie die Anschlußmöglichkeit weiterer Module an allen Modulseiten haben einen großen Vorteil: Die Modulkanten können entlang „natürlicher Geländegrenzen" – Straßenränder, Bahndämme, Stützmauern etc. – verlaufen.

Da ja jedes Modul – schon der Stromversorgung wegen – eine in sich geschlossene Einheit bildet, können auch umfangreichste Anlagen Modul für Modul in überschaubaren Schritten aufgebaut und durchgestaltet werden.

2. Die Standortfrage

Es ist natürlich optimal, wenn man sein Modellbahnländle in einem Speicher, Keller oder einen anderen separaten Raum aufbauen kann. Aber auch in der Wohnung selbst gibt es bestimmt noch Platz für ein Stückchen eigene Welt. Ein Fach in der Regalwand kann zur Fußgängerzone, der Schloßpark mit echten Wasserspielen zum Blickfang im Wohnzimmer werden.

Oder ein Regalschrank nimmt die Module der Bahnhofsanlage auf, die an grauen Wintertagen auf dem Wohnzimmertisch zu reger Betriebsamkeit erwacht. Kleine Szenerien können die Wohnzimmervitrine schmücken, sogar der Platz unter den Betten kann zur Aufbewahrung der Module aktiviert werden. Wen dieses faszinierende Hobby erst einmal gepackt hat, der wird im kleinsten Zimmer noch eine Nische finden. Man muß ja nicht gleich mit einer ganzen Stadt wie Liebstadt beginnen, obwohl das bei entsprechendem Platz eine sicherlich reizvolle Aufgabe ist, mit der Sie über Jahre hinweg eine kreative, abwechslungsreiche Freizeitbeschäftigung haben werden, an der nicht nur die ganze Familie, sondern auch Freunde und Bekannte aktiv mitgestalten können.

Abb. 6: Fertiger Tischrahmen vor der teilweise abgeräumten Anlage

Kapitel 2

Fundamentales – der Unterbau
1. Die Trägerkonstruktion

Jede Anlage, ob aus einzelnen Modulen oder durchgehender Platte bestehend, bedarf zumindest während des Betriebs einer Standfläche. Kleinere Anlagen können auf einem Tisch zusammengesetzt werden. Oder man legt die Anlagenteile auf Tischböcke. Dazu braucht man für jedes Modul der Größe 110 x 60 cm zwei Böcke.

Größere Module benötigen bis zu vier Tischböcke. Für Großanlagen, die ständig aufgebaut bleiben sollen, wird jedoch ein solider, auf die Anlage abgestimmter Unterbau gefertigt.

Materialliste für einen Tisch
4 Kanthölzer 100 x 4,5 x 7 cm
2 Holzbretter 200 x 1,6 x 9,3 cm
5 Holzbretter 127 x 1,6 x 9,3 cm
1 Holzbrett 197 x 1,6 x 9,3 cm
1 Dachlatte gehobelt (Querschnitt 4,5 x 2 cm)
8 Kanthölzer 35 x 6,5 x 4 cm
16 Schloßschrauben 8 mm ⌀, 10 cm lang
16 Muttern dazu
32 Unterlegscheiben dazu
1 Pack Spax-Holzschrauben 30 mm lang
1 Pack Spax-Holzschrauben 50 mm lang
8 Stuhlwinkel 30 x 34 cm, mit 72 passenden Holzschrauben

Werkzeug
1 Bohrmaschine
8 mm Holzbohrer
4 mm Holzbohrer
1 Kreuzschlitzschraubendreher für Spax
1 Schraubendreher für die Stuhlwinkelschrauben
2 Schraubenschlüssel passend für die Schloßschrauben
1 Säge (Fuchsschwanz, Stichsäge oder Kreissäge)
1 Dose Ponal

Für unsere 600 x 260 cm große Anlage Liebstadt haben wir aus Holz 6 Tische mit jeweiliger Auflagefläche von 200 x 130 cm und einer Höhe von 100 cm zusammengebaut. Diese Bauweise ist vorteilhaft, weil dadurch auch der Unterbau in Teilstücken auseinandergerückt werden kann. Für die Höhe des Unterbaus waren folgende Gründe maßgebend:

● Die in dieser Höhe aufgelegten Module befinden sich in optimaler Betrachterhöhe. Der Betrachter sieht die Anlage nicht aus der Vogelperspektive.

● Kleinere Reparaturarbeiten unter der Anlage lassen sich in bequemer Sitzposition durchführen. Die entsprechenden Module müssen nicht jedesmal aus der Anlage herausgenommen werden.

Der Bau eines solchen Tisches setzt natürlich schon etwas Erfahrung im Kleinmöbelbau aus Holz voraus.

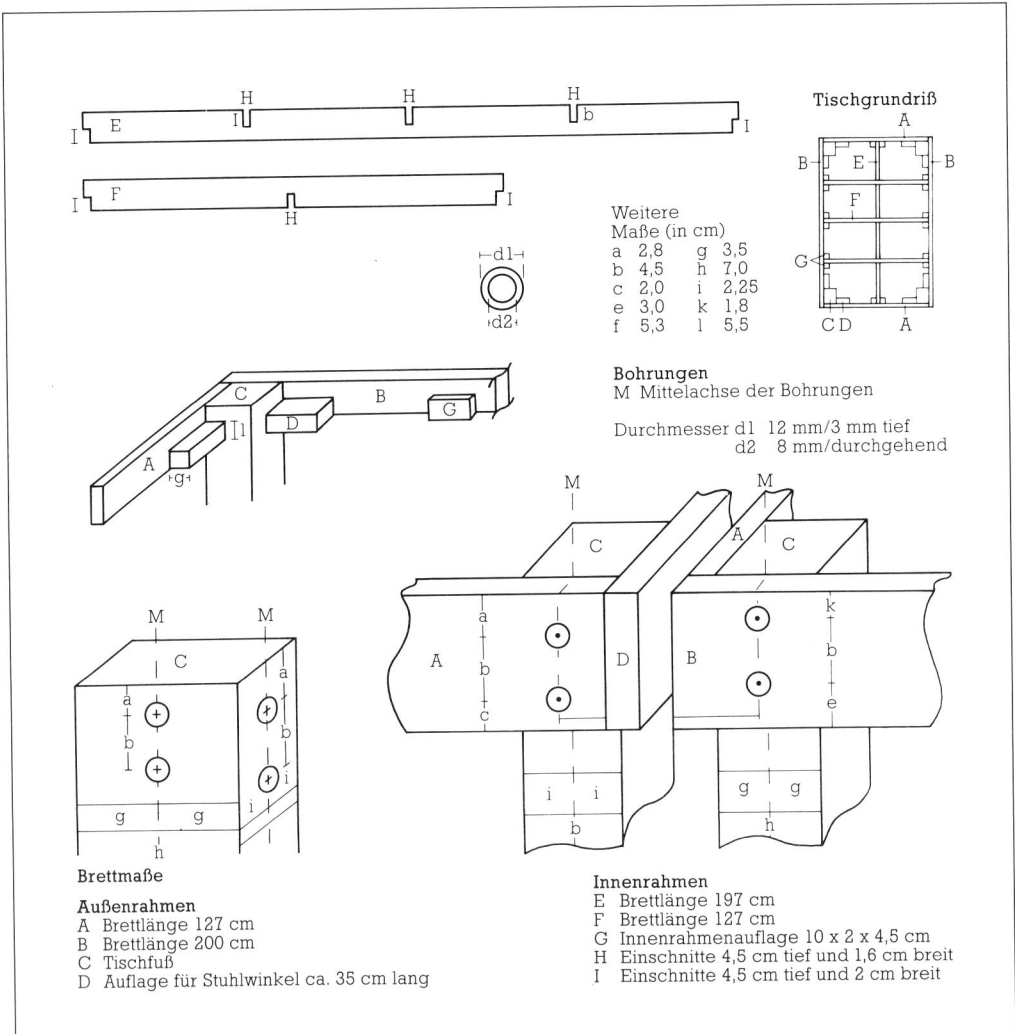

Weitere
Maße (in cm)

a	2,8	g	3,5
b	4,5	h	7,0
c	2,0	i	2,25
e	3,0	k	1,8
f	5,3	l	5,5

Bohrungen
M Mittelachse der Bohrungen

Durchmesser d1 12 mm/3 mm tief
d2 8 mm/durchgehend

Brettmaße

Außenrahmen
A Brettlänge 127 cm
B Brettlänge 200 cm
C Tischfuß
D Auflage für Stuhlwinkel ca. 35 cm lang

Innenrahmen
E Brettlänge 197 cm
F Brettlänge 127 cm
G Innenrahmenauflage 10 x 2 x 4,5 cm
H Einschnitte 4,5 cm tief und 1,6 cm breit
I Einschnitte 4,5 cm tief und 2 cm breit

Abb. 7: Die Abmessungen und Details eines Tischrahmens

Baubeschreibung

Als Tischbeine verwendeten wir gehobeltes Kantholz mit einem Querschnitt von 4,5 x 7 cm. Pro Tisch wurden vier Tischbeine von exakt 100 cm Länge zurechtgesägt. Für den Holzrahmen wurden gehobelte Holzbretter mit einem Querschnitt von 1,6 x 9,3 cm entsprechend abgelängt. Pro Tisch wurden für den Außenrahmen je zwei 200 cm lange und zwei 127 cm lange Dielen zurechtgesägt, für die inneren Rahmenteile wurden drei 127 cm lange und eine 197 cm lange Holzdiele vorbereitet.

Das 197 cm lange Brett erhält alle 50 cm eine Gehrung von 4,7 cm Tiefe und 1,6 cm Breite. An den Enden erhält es von der anderen Schmalseite her je einen Ausschnitt von 4,5 cm Tiefe und 2 cm Breite. Die drei kurzen Innenrahmenteile von 127 cm Länge erhalten in der Mitte je eine Gehrung (4,7 cm x 1,6 cm) und an beiden Enden einen Ausschnitt (4,5 cm x 2 cm) von der gleichen Schmalseite her (siehe Skizze). Aus einer gehobelten Dachplatte mit 4,5 x 2 cm Querschnitt werden noch acht etwa 10 cm lange Stücke vorbereitet. Diese dienen später als Auflagen der Innenrahmen am Außenrahmen.

Damit Tischbeine und Außenrahmenteile miteinander verschraubt werden können, werden sie entsprechend der Skizze mit einer Bohrmaschine (8-mm-Holzbohrer) mit Bohrungen versehen. Halten Sie sich dabei genau an die Maße der Skizze.

Vor dem endgültigen Zusammenbau werden an den Außenrahmenteilen die Auflagen für die Innenrahmenteile mit Ponal-Holzleim entsprechend den Maßangaben der Skizze angeklebt, vorgebohrt und mit 30-mm-Spax-Schrauben zusätzlich verschraubt.

Tip: *Nach dem maßgenauen Anzeichnen der Bohrlöcher sollten diese zunächst mit einem 4-mm-Bohrer vorgebohrt und anschließend auf Maß aufgebohrt werden.*

Abb. 8: Ein Modul entsteht – im Vordergrund: Modulkante in den Zwingen.

Dann werden die Außenrahmenteile mit den Tischbeinen verschraubt. Dazu verwendeten wir 8-mm-Schloßschrauben von 10 cm Länge mit den passenden Unterlegscheiben und Muttern. Nach dem Anziehen der Muttern mit einem Schraubenschlüssel werden die Innenrahmenteile eingesteckt und mit je einer 5 cm langen Spax-Schraube (vorbohren nicht vergessen) mit dem Außenrahmen verbunden. Zur Versteifung des Tisches werden Außenrahmen und Tischbeine mit 30 x 34 cm langen Stuhlwinkeln verschraubt. Dazu wird der Außenrahmen im Bereich der Stuhlwinkel durch ein von innen angeschraubtes und mit Ponal verleimtes Kantholz von 6,5 x 4 cm Querschnitt verstärkt.

Die sechs Tische unserer Anlage wurden mit je 4 Schloßschrauben aneinandergeschraubt. Um die ganze Anlage beweglich zu gestalten, haben wir die Tischbeine mit Stuhlrollen versehen.

2. Modulbauweise Liebstadt

Ein Modul der Modulbauweise Liebstadt setzt sich aus zwei Hauptbestandteilen zusammen: Der Grundplatte und der Modulkante mit den Kombischlitzen. Die Modulkante befindet sich prinzipiell unter der Grundplatte. Die Mindesthöhe eines Moduls (Modulkante + Grundplattendicke) beträgt 48 + 13 = 62 mm. Diese Höhe bezeichnen wir auch als Anlagenniveau Höhe 0, da ja von der Oberfläche der Grundplatte aus die Landschaft aufgebaut wird.

Nun weist jede Anlage Höhenunterschiede auf. Bahntrassen und mechanische Systeme benötigen jedoch immer eine feste Unterlage. Dort, wo Relais, Weichen- oder Kettenantriebe unter der Platte montiert werden, müssen diese für Wartungszwecke zugänglich sein. Aus Stabilitätsgründen sollten Module in unmittelbarer Nähe von Gleisübergängen verbunden werden können.

Dies wird erreicht, indem der Modulunterbau erhöht wird: Es werden unter die Grundplatte mehrere Modulkanten über-

einander montiert. Obwohl die Modulformen völlig beliebig sind und die Grundplatten eines Moduls auch in verschiedenen Höhenstufen montiert werden können, wird dabei die Gestaltungsvielfalt nicht eingeschränkt. Nur sollten Sie bei größeren oder verwinkelten Konstruktionen die Platten ggf. zusätzlich verstreben.

Wo ein niedrigeres an ein höheres Modul anschließt, wird einfach eine Modulkante auf die Grundplatte des niedrigeren Moduls aufgesetzt.

Ein kompletter Kombischlitz (Modulkante) mit Ober- und Unterträger sowie der Funktionsleiste hat eine Gesamthöhe von 48 mm. Diese nehmen wir als Rastermaß für die verschiedenen Höhenstufen beim genormten Bahnbetrieb.

Die Grundhöhe der Modulkante ohne aufgelegte Grundplatte beträgt annähernd 5 cm (48 mm). Die Oberfläche eines Moduls mit doppelt hoher Modulkante liegt aber fast 5 cm höher als jene mit einfacher Kante (Nutz-Höhe +5).

Dies bietet praktische Lösungen. Höhe +5 ist exakt die halbe Höhe einer Bahnüberführung bzw. die ganze Höhe einer Straßenunterführung.

Also: Höhe +5 = (61 + 48) 109 mm Gesamthöhe (48 mm Modulkante + 48 mm Modulkante + 13 mm Grundplatte). Höhe +10 (Durchfahrhöhe für Bahnbetrieb auf Höhe +10) = (109 + 48) 157 mm Gesamthöhe (3 Modulkanten à 48 mm + 1 Grundplatte à 13 mm).

Module, bei denen diese Rastermaße als Höhenmaße der Grundfläche dienen, lassen sich von der Höhe der Gleisanlage her immer miteinander verbinden, sofern die Gleise auf Roco-Styroplastgleisbettungen oder einer entsprechend hohen Unterlage rechtwinklig zur Modulkante montiert werden. Der Abstand der Gleismitten voneinander beträgt 57 mm oder ein Mehrfaches (114 mm, 171 mm usw., siehe Skizze).

Im Bereich von Steigungen und Gefällstrecken kommen entweder Module mit

Abb. 9: Modul von unten gesehen: so geht man bei der Modulverbindung vor.

unterschiedlich hohen Kanten und schräg aufgesetzter Grundplatte oder Hangmodule mit aufgesetzter Trasse in Frage. Hangmodule in diesem Bereich müssen entweder ohne unterirdische Antriebe konzipiert, oder aber mit entsprechenden Wartungsöffnungen in der Grundplatte versehen werden. Anfang und Ende der Steigungen sollten Sie ausrunden. Auch Modulkanten innerhalb der Steigungsstrecken sind möglich. Diese Kanten können wegen Schräglage der Gleise jedoch nicht beliebig mit anderen Kanten kombiniert werden. Auf den Bau von Steigungsstrecken können wir leider nicht näher eingehen. Hier sei auf die reichlich vorhandene Literatur zum Gleisanlagenbau verwiesen.

a) Der Bau eines Moduls

Die Grundplatte besteht aus einer 13 mm dicken Spanplatte. Rechteckige Spanplatten (z. B. 100 x 50 cm) bekommt man im Baumarkt zugeschnitten.

Da wir jedoch den Verlauf unserer Modulkanten am Straßenverlauf orientierten, haben wir für Liebstadt keine rechteckigen Module gebaut. Wir haben unsere Modulgrundbretter an einer Kreissäge mit Sägetisch selbst zurechtgesägt. Dies ist beim Schloßpark recht einfach, da hier nur eine Kante neu gesägt werden muß. Die Grundplatte des Schloßparks mißt 80 x 117 x 90 x 160 cm, die der vorderen Fußgängerzone 96,5 x 111 x 35 x 142,5 cm.

Jetzt fertigen wir die eigentlichen Modulkanten. Am sinnvollsten ist es, diese Kanten als „Meterware" herzustellen, und dann die für die einzelnen Module benötigten Stücke abzusägen.

Eine Modulkante besteht aus drei gleich hohen Teilen. Ober- und Unterträger bestehen aus je einem 16 mm hohen und 13 mm tiefen Holzträger. Zwischen den Schlitzen des Funktionsträgers sitzen im Abstand von 20 cm Distanzhölzer von 3 cm Länge und einem Querschnitt von wiederum 16 x 13 mm. An Modulecken wird auf jeden Fall ein Distanzholz eingesetzt.

Materialliste für Schloßparkmodul (S) und Fußgängerzonenmodul (F)
1 Spanplatte (13 mm Stärke) 80 x 160 cm (S) 1 Spanplatte (13 mm Stärke) 97 x 143 cm (F) ca. 15 m Kantholz 16 x 13 mm (S) ca. 12 m Kantholz 16 x 13 mm (F) 1 m Holzbrett 1,6 x 9,3 mm (S) 1 Pack Drahtstifte 1,5 x 30 mm Ponal Holzleim (F) Ponal Super 3 (S)
Werkzeug
1 Kleinbohrmaschine mit 1-mm-Holzbohrer 1 Hammer oder Tacker 1 Bastlersäge 1 Kreissäge mit Sägetisch (oder Stichsäge oder Fuchsschwanz) 5 Spannzangen pro Meter Modulkante 1 Bleistift 1 Metermaß

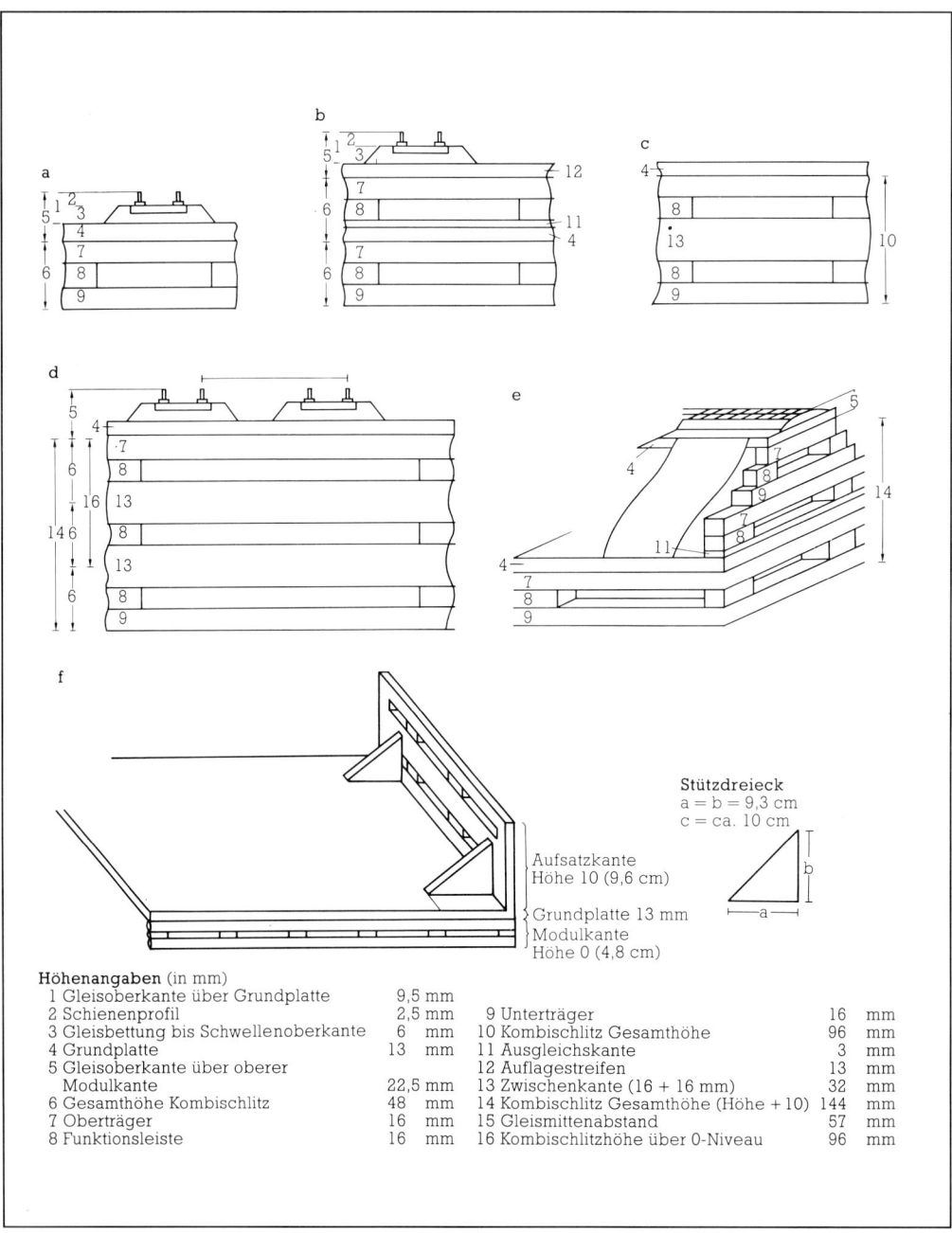

Höhenangaben (in mm)

1 Gleisoberkante über Grundplatte	9,5 mm
2 Schienenprofil	2,5 mm
3 Gleisbettung bis Schwellenoberkante	6 mm
4 Grundplatte	13 mm
5 Gleisoberkante über oberer Modulkante	22,5 mm
6 Gesamthöhe Kombischlitz	48 mm
7 Oberträger	16 mm
8 Funktionsleiste	16 mm
9 Unterträger	16 mm
10 Kombischlitz Gesamthöhe	96 mm
11 Ausgleichskante	3 mm
12 Auflagestreifen	13 mm
13 Zwischenkante (16 + 16 mm)	32 mm
14 Kombischlitz Gesamthöhe (Höhe + 10)	144 mm
15 Gleismittenabstand	57 mm
16 Kombischlitzhöhe über 0-Niveau	96 mm

Stützdreieck
a = b = 9,3 cm
c = ca. 10 cm

Aufsatzkante
Höhe 10 (9,6 cm)

Grundplatte 13 mm
Modulkante
Höhe 0 (4,8 cm)

Abb. 10: Bahnbetrieb über Modulgrenzen hinweg: a) Gleis in Höhe 0; b) Modulkante (Höhe + 5) bei tiefliegender Grundplatte mit Aufsatzkante; c) Modulkante eines Moduls der Höhe + 5 mit oben liegender Grundplatte; c) Modulkante mit Gleis (Höhe + 10); e) Modulbeispiel in Schrägansicht; f) Modul mit Aufsatzkante (unmaßstäblich)

Bauschritte:

Mit einer Bastlersäge wird einer der Holzstäbe von 13 x 16 mm Querschnitt in 3 cm lange Distanzhölzer zersägt. Diese reichen gleich für mehrere Module. Distanzhölzer und Unterträger werden an den vorgesehenen Klebestellen mit Ponal-Holzleim bestrichen (für den Schloßpark mit Wasserspielen nehmen wir Ponal Super 3). Die Distanzhölzer werden aufgesetzt, und sofort danach wird der Oberträger aufgeklebt.

Mit Spannzangen werden die Teile an den Klebestellen zusammengepreßt. Nach der Trocknung werden die Spannzangen abgenommen und die Klebestellen durch Drahtstifte unterstützt.

Damit das Holz nicht splittert, bohrt man die Löcher für die Nägel noch mit einem 1-mm-Bohrer vor und schlägt dann die Drahtstifte ein. Die Leiste kann aber auch getackert werden.

So erfolgt das Verbinden von Modulkante und Grundplatte: Die fertigen Modulkanten werden je nach Länge der Modulseiten abgesägt und entsprechend dem Moduleckwinkel angeschrägt (siehe Skizze). Dann werden die Modulkanten mit Ponal unter der Grundplatte außenbündig angeklebt und mit Drahtstiften oder Tackern gesichert.

 Tip: Wir haben unsere Modulkantenhölzer mit einer Kreissäge aus gehobelten Holzdielen von 13 mm Dicke abgeschnitten. Sollten Sie keine geeigneten Kanthölzer in Ihrem Baumarkt finden, so können Sie sich auch von einem freundlichen Schreiner helfen lassen.

Bei Hanglage wird auf die Grundplatte des Moduls an der Hangseite eine Aufsatzkante aufgesetzt. Die Montage erfolgt sinngemäß nach obiger Bauanleitung. Diese Modulkanten werden durch zurechtgesägte Stützdreiecke unterstützt. Position und Maße dieser Teile können Sie der ausführlichen Skizze entnehmen. (S. 20).

b) Modulverbinder

Materialliste Modulverbinder
1 Schloßschraube 8 x 100 mm mit Flügelmutter 1 Metallschließe (Sonderanfertigung gemäß Skizze 5) 2 Unterlegscheiben innen 8 mm ⌀, außen 30 mm ⌀ 1 Rolle (Hartplastik) mit 8-mm-Loch, 20 x 20 mm
Werkzeug
1 Feile oder Bandschleifer 1 Schraubendreher

Wir haben auch einen speziellen Modulverbinder für unser System entwickelt. Er erlaubt eine besonders komfortable Verbindung. Der Modulverbinder wird mit der Metallschließe voran durch die Schlitze gesteckt. Mit dem Schraubenzieher schließen wir den Verbinder durch eine 90-Grad-Drehung und drehen die Flügelmutter fest.

Skizze und Bild demonstrieren eindrucksvoll die Funktionsweise dieses Verbinders. Bei Hangmodulen ist er auch deshalb vorteilhaft, weil man hier ja nur von einer Seite an die Schlitze kann.

Der Verbinder besteht aus Metallschließe, Schloßschraube mit Schraubendrehernut, einer Plastikrolle, die die Schlitzdistanz

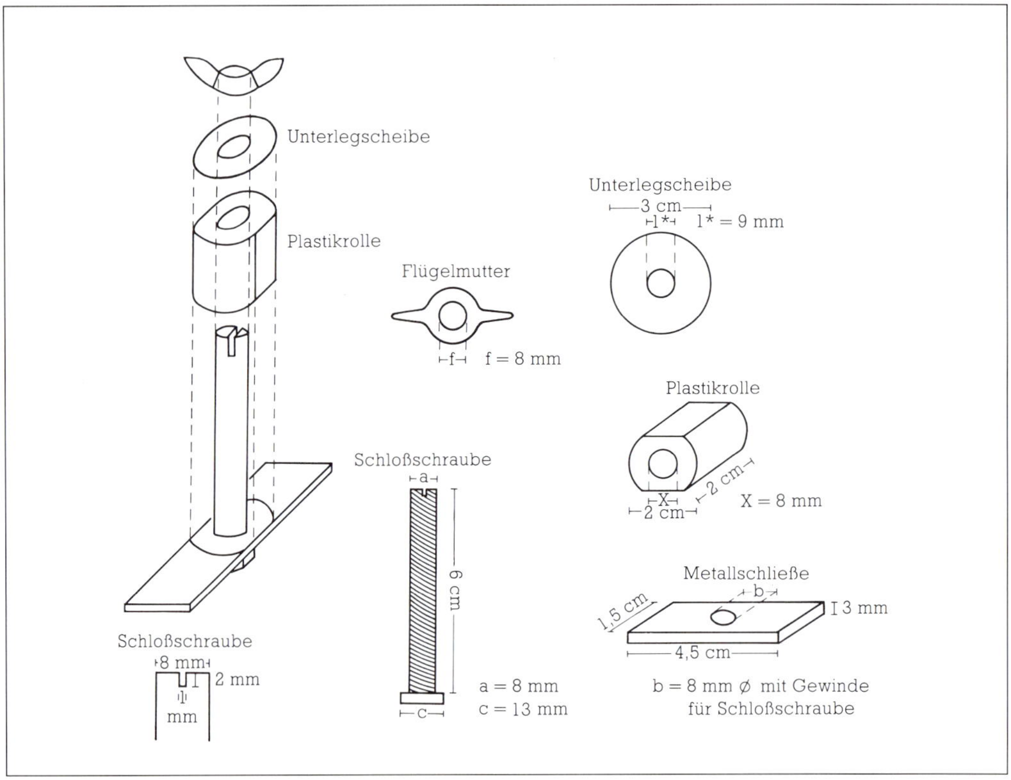

Unterlegscheibe

Plastikrolle

Flügelmutter
⊦f⊣ f = 8 mm

Unterlegscheibe
⊢—3 cm—⊣
⊦1*⊦ 1* = 9 mm

Plastikrolle
⊦—X—⊦ ⊢2 cm⊣ X = 8 mm
⊢2 cm⊣

Metallschließe
⊦b⊣
1,5 cm
4,5 cm
I 3 mm

Schloßschraube
⊦a⊣
6 cm
⊢c⊣
a = 8 mm
c = 13 mm

Schloßschraube
⊦8 mm⊦
2 mm
mm

b = 8 mm ∅ mit Gewinde
für Schloßschraube

Abb. 11: Modulverbinder: Konstruktionsskizze

*Abb. 12: Modulverbinder – zusammenge-
setzt und in Einzelteilen*

von 16 mm ausfüllt, Unterlegscheibe und Flügelmutter. Metallschließe und Schloßschraube sollte man von einer Schlosserei anfertigen lassen, da es hierfür keine Teile im Handel gibt. Die Plastikrolle wurde aus 20-mm-Plastikrollen auf Maß gefeilt. Unterlegscheiben und Flügelmuttern gibt es im Handel. Notfalls können Sie aber die Modulverbinder auch aus einer Flügelschraube, zwei Unterlegscheiben, einer Plastikrolle und einer Flügelmutter herstellen (siehe Skizze oben).

Kapitel 3

Ohne Plan geht nichts

Viel Mühe, Lauferei und Ärger erspart eine gute Planung nicht nur dem Anfänger, der oft auf viel zuwenig Fläche zu viele Details unterbringen will, sondern auch dem Profi hilft eine solide Planung, mehr und vor allem längeren Spaß an der Anlage zu haben.

Die Planung klärt das Wo, Was und Wie des Aufbaus. Zunächst stellt man Überlegungen an zum **Wo,** zu den räumlichen Möglichkeiten und dem Standort des Moduls (der Module).

Dann wird das **Was,** das Thema der Anlage und die Epoche, in der es inszeniert werden soll, ausgetüftelt. Es hängt natürlich von den räumlichen Gegebenheiten ab.

Beim **Wie** geht es dann schon an die Umsetzung des Anlagenthemas. Sie hängt nicht zuletzt auch vom gestalterischen Geschick, der bastlerischen Erfahrung und natürlich vom erfolgreichen Umgang mit der Hausbank ab. Diese Überlegungen sollten bei der Erstellung einer ersten, noch groben Skizze mit einfließen.

Gebaut wird aber immer noch nicht. Jetzt werden erst maßstäbliche Zeichnungen erstellt, am besten im ungefähren Maßstab 1 : 10. Ein Meter der Modellbahnlandschaft entspricht also 10 cm auf dem Zeichenblatt. Ein Geodreieck, ein Lineal mit Reißkante, ein Zirkel, ein Bleistift und ein Radiergummi sind unentbehrlich bei dieser Arbeit.

Abb. 13: Planungsutensilien

Materialliste
Zeichenpapier
Millimeterpapier
1 Pritt Alleskleber
1 Lineal mit Reißkante
1 Geodreieck
1 Zirkel
1 Bleistift
1 Pack Buntstifte
1 Pack Filzstifte
1 Radiergummi
1 Rolle Butterbrotpapier
1 Gleisplanschablone

Geplant wird vom Großen ins Kleine, vom Bewegten zum Unbewegten.

Zunächst wird die Hauptgeländeform und die Bahntrasse sowie der Standort der Hauptgebäude festgelegt. Daraus ergibt sich dann erst der Standort von Signalen und Bäumen und anderen kleineren Accessoirs. Die Maße von Gleisstücken können den Katalogen der Modellbahnhersteller entnommen werden. Die Maße von Gebäuden und Zubehörteilen finden wir in den Katalogen der reichhaltigen Zubehörindustrie.

Abb. 14: Erstellung eines Butterbrotpapierplans

Bei der Planung von Bahnanlagen sind die Gleisplanschablonen der jeweiligen Modellbahnhersteller sehr zu empfehlen. Der Verkleinerungsmaßstab dieser Schablone bestimmt dann natürlich den Maßstab der Planskizze.

Übersichtlicher wird Ihre Planung, wenn Sie verdeckte Teile der Anlage, wie zum Beispiel unterirdische Gleisanlagen, auf einem separaten Plan skizzieren und die Pläne kolorieren. Straßenverkehrsflächen werden grau eingemalt, Gebäude rot, Wiesen hellgrün, Bäume dunkelgrün, Seen und Flüsse blau, Bahnanlagen schließlich werden braun unterlegt. Der Verlauf der Gleise wird auf dem braunen Untergrund mit einem schwarzen Stift markiert.

Ein weiteres Stück Überschaubarkeit erreichen Sie durch gestrichelte Höhenlinien. Mit einem solchen Plan gerüstet, können Sie viel leichter Materiallisten für den Aufbau der Anlagenteile erstellen.

Bevor Sie nun zum Aufbau übergehen, sollten Sie noch eine Planskizze im Maßstab 1 : 1 anfertigen. Die Geduld lohnt sich, denn diesen Zeitverlust holen Sie später dank besserer Übersichtlichkeit wieder ein. Sie legen das Modul mit Butterbrotpapier aus und malen mit Filzstift Gleistrassen, Straßen, Häusergrundrisse, Lampenstandorte usw. in realer Größe auf. Jetzt kann bereits vorhandenes Material probeweise an den vorgesehenen Stellen aufgestellt, und die Schwachstellen der bisherigen Planung können korrigiert werden. Der endgültige Butterbrotpapierplan wird – bemalte Seite nach oben – mit ein paar Punkten Pritt-Alleskleber unter die Grundplatte geklebt. Beim Verdrahten wird er Ihnen noch gute Dienste erweisen. Bohrlöcher für Lampendrähte können mit seiner Hilfe von unten gebohrt werden. Dies hilft besonders bei dickeren Styroporauflagen.

_____ Kapitel 4 _____

Unsere Bahnanlage

1. Grundlegendes

In diesem Kapitel erfahren Sie einiges über Gleisbau und Zugbetrieb im Maßstab HO (1:87). Dabei soll auch auf einige Aspekte des Bahnbetriebs (Vorbild: Deutsche Bundesbahn) eingegangen werden.

Zum vertiefenden Einstieg in diese umfangreiche Materie, die wir hier nur antippen können, verweisen wir nochmals auf die Gleisplan- und Signalbücher der Modellbahnhersteller sowie auf die monatlich erscheinenden Modellbahnzeitschriften (Miba, Eisenbahnmagazin u. a.), deren regelmäßige Lektüre wir empfehlen.

Neben Basteltips und aktuellen Berichten vom großen Vorbild findet man in diesen Heften auch aktuelle Testberichte von Produkten der Modellbahnindustrie. Diese Testberichte können Ihnen eine wertvolle Orientierungshilfe sein. Im Maßstab HO (1:87) werden Lokomotiven, Wagen und Gleismaterial von verschiedensten in- und ausländischen Herstellern angeboten. Sämtliche Eisenbahnen werden elektrisch angetrieben. Die wichtigsten Modellbahnhersteller (Maßstab HO) sind u.a. Fleischmann, Liliput, Lima, Märklin, Roco, Trix.

Abb. 15: Der Bahnhof Liebstadt

a) Der Trafoanschluß

Für den Spielbetrieb wäre es viel zu gefährlich, die kleinen Motoren der Lokomotiven mit der haushaltsüblichen Netzspannung von 220 V ~ zu betreiben. Deshalb wird zwischen Stromnetz und Anlage ein Stromtransformator zwischengeschaltet, der den 220 V ~-Strom aus der Steckdose auf ungefährliche 12–24 V ~ reduziert. Aus Sicherheitsgründen muß auch die sekundärseitige (modellbahnseitige) Gesamtleistung eines Transformators auf maximal 50 VA (Watt) begrenzt bleiben. Bei einer Spannung von 16 V ~ stehen somit maximal 3 Ampere zur Verfügung.

Größere Anlagen werden daher in mehrere Stromkreise aufgeteilt, wobei jedem Stromkreis ein Trafo zugeordnet wird. Zwei Stromkreise können zwar zunächst mit einem Trafo betrieben werden, schließen Sie aber nie an einen Stromkreis zwei Trafos an. Transformieren von Wechselstrom funktioniert nämlich in beide Richtungen, d. h. von einem Trafo, dem sekundärseitig 12–24 V ~ eingegeben werden, kann man am Stecker 220 V ~ abgreifen. Falls Sie den Stecker eines von zwei gemeinsam an einen Modellstromkreis angeschlossenen Trafos ziehen, lägen an dessen Stiften fatalerweise ungeschützte 220 V ~ Haushaltsspannung. Transformiert werden kann jedoch nur Wechselstrom.

Viele Trafos weisen neben dem eigentlichen Transformator noch ein Regelteil für die Modelleisenbahn auf. Dieses Regelteil besteht zumindest aus einem Regelknopf für die Fahrgeschwindigkeit und einer Fahrtrichtungsumschaltung für die Lokomotive.

Trafos für Gleichstrombahnen enthalten einen Gleichrichterteil zur Erzeugung von Gleichstrom.

b) Modellbahnsysteme

Die verschiedenen Systeme unterscheiden sich in der Stromart und der Art der Stromzuführung.

Stromart
- Wechselstrom (Märklin): Über die Schienen wird die Geschwindigkeit der Lok gesteuert, in den Loks ist jeweils ein Fahrtrichtungsschalter eingebaut, der vom Trafo aus angesprochen wird. Die Motoren können auch mit Gleichstrom betrieben werden.
- Gleichstrom (Fleischmann, Liliput, Lima, Roco, Trix): Hier wird auch die Fahrtrichtung der Loks über die Schienen vom Trafo aus gesteuert. Gleichstrommotoren dürfen keinesfalls mit Wechselstrom betrieben werden.

Stromzuführung
- Zweischienen-Zweileiter (Fleischmann, Liliput, Lima, Roco, Trix): Die beiden Schienen dienen als Stromleiter. Dieses System hat eine asymmetrische Stromzuführung.
  Vorteile: besonders vorbildgerecht; internationaler Standard, entspricht der Norm Europäischer Modellbahnen (NEM).
  Nachteil: Kehrschleife und Gleisdreieck sowie Gegenverkehr auf eingleisigen Strecken mit Ausweiche setzen elektrotechnische Grundkenntnisse voraus.
- Dreischienen-Zweileiter (Märklin): Zwischen den beiden Schienen liegt eine dritte – meist als Punktkontakte ausgelegte – Schiene. Diese fungiert als ein Leiter, während die beiden Außenschienen gemeinsam als zweiter Leiter dienen. Dies System hat eine symmetrische Stromzuführung.
  Vorteil: keine Problemstellen, besonders sichere Stromaufnahme.
  Nachteil: Sichtbare Punktkontakte, Fahrzeuge anderer Firmen müssen erst umgerüstet werden.

Das Zweischienen-Zweileitersystem wird mit Gleichstrom betrieben. Das Dreischienen-Zweileitersystem normalerweise mit Wechselstrom.

Ein Umrüsten der Wagen von einem auf das andere System ist problemlos, die Firma Roco bietet für ihre Wagen sogar einen kostenlosen Radsatz-Umtauschservice für Anhänger des Dreischienen-Zweileitersystems an.

Das Umrüsten der Loks von einem auf das andere System ist zwar prinzipiell möglich, jedoch mit einigen Schwierigkeiten verbunden, auf die hier nicht näher eingegangen werden kann.

Es gibt sogar noch ein drittes System, das Dreischienen-Dreileitersystem, auf das wir hier ebenfalls nicht näher eingehen wollen, um die Verwirrung in Grenzen zu halten; außerdem ist das System nicht sehr verbreitet.

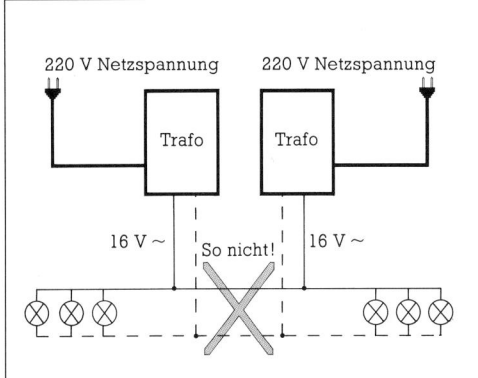

Abb. 16: Verbotene Trafokoppelung

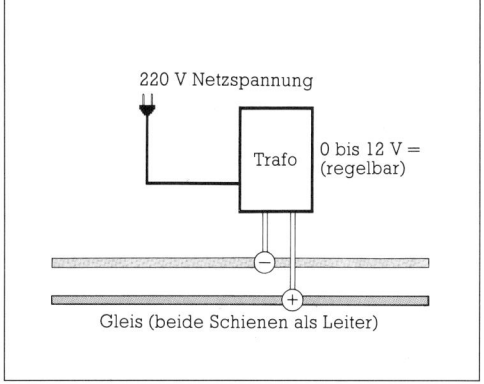

Abb. 17: Stromfluß bei Gleichstrombahnen

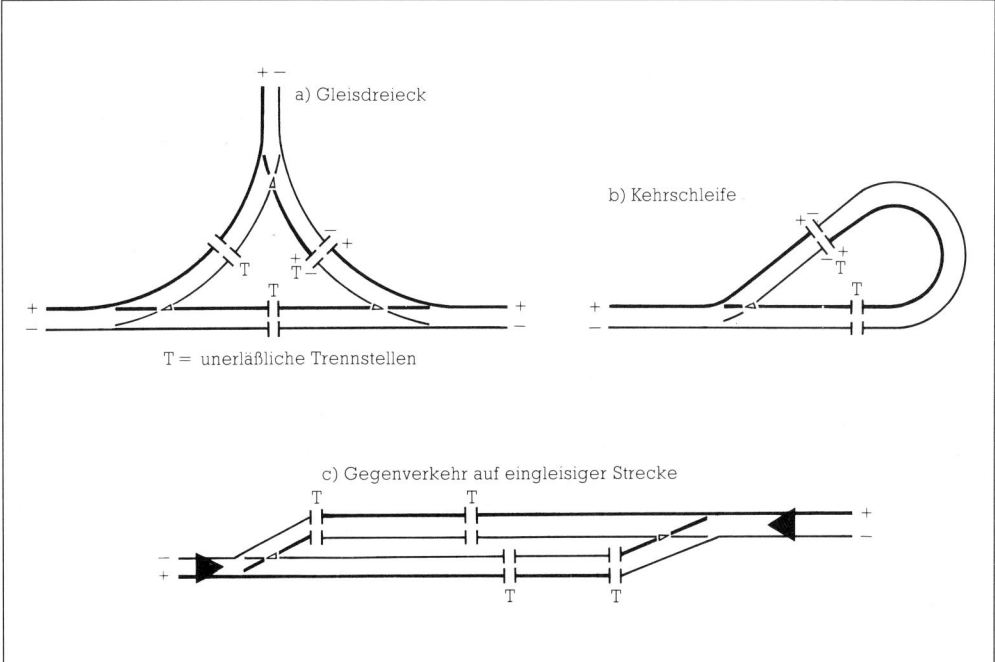

Abb. 18: Problemstellen beim Zweischienen-Zweileiter-Gleichstromsystem (eine Auswahl)

2. Bahnhof Liebstadt – Thema und Durchführung

Eine große Stadt wie Liebstadt braucht auch einen entsprechenden Bahnhof. Selbst auf der uns zur Verfügung stehenden Fläche von ganzen 600 cm Länge und 60 cm Breite war nur ein Ausschnitt eines Hauptbahnhofes unterzubringen. Unser Bahnhof, obwohl Phantasiekonstrukt, orientiert sich auch an den Betriebsbedingungen des großen Bundesbahn-Vorbildes.

Ein Großstadtbahnhof besteht aus mehreren Teilen: dem Personenbahnhof für den Reiseverkehr, dem Güterbahnhof und dem Bahnbetriebswerk, in dem die Lokomotiven und Wagen gewartet und repariert werden. Dazu kommen Gleisgruppen, die der Zusammenstellung der Züge dienen.

Wir haben uns auf die Nachbildung eines Personenbahnhofteils beschränkt. Unser Personenbahnhof liegt an einer zweigleisigen Hauptstrecke mit abzweigender Nebenstrecke. Liebstadt ist sogar IC-Station, und auf der Nebenstrecke wird S-bahnähn-

licher Verkehr nach Taktfahrplan durchgeführt.

Zeitlich befinden wir uns in der zweiten Hälfte der 80er Jahre. (In Modellbahnerkreisen spricht man hier von der späten IV. Epoche.) Neben modernen Reisezügen, teilweise in den neuen Farben der DB, und den ICE-Versuchszügen können seit 1985 durchaus vorbildgerecht auch wieder Dampfzüge im Rahmen von Museumsfahrten eingesetzt werden.

Bei der Gestaltung der Gleisanlagen legten wir besonderen Wert auf die Einsatzmöglichkeit (fast) vorbildgerecht langer Reisezüge mit bis zu zehn unverkürzten 30 cm langen modernen D-Zug-Wagen. Entsprechend lang sind auch unsere Bahnsteige. Obwohl unsere Strecken nicht mit Oberleitung ausgerüstet sind, setzen wir beim (fahrplanmäßigen) Betrieb auch Elektrolokomotiven ein. Der Gleisplan zeigt den Gleisverlauf in unserem Hauptbahnhof.

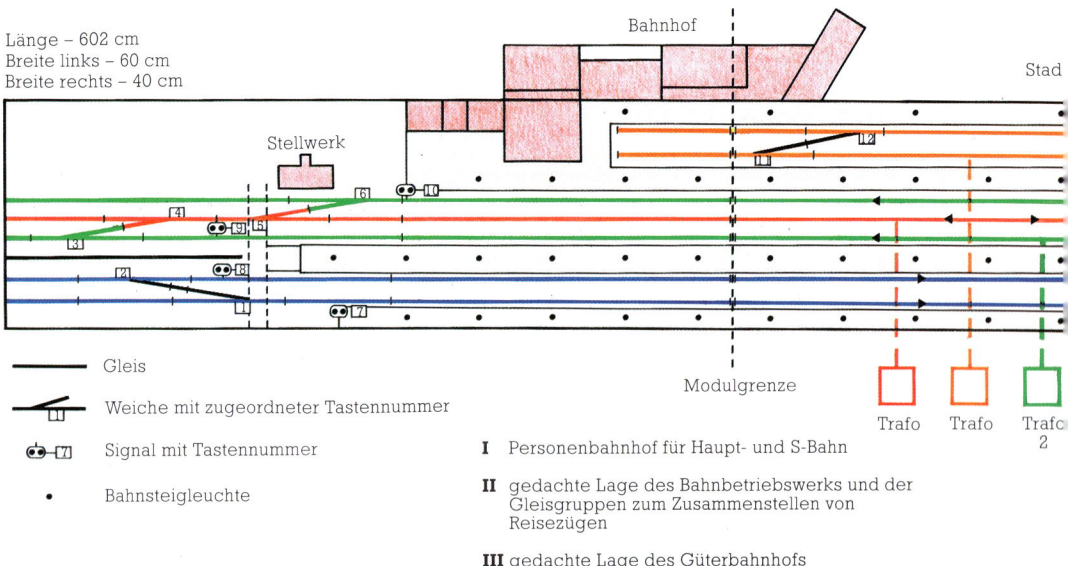

Länge – 602 cm
Breite links – 60 cm
Breite rechts – 40 cm

Bahnhof

Stellwerk

Modulgrenze

Stad

Trafo   Trafo   Trafo

——— Gleis

Weiche mit zugeordneter Tastennummer

Signal mit Tastennummer

· Bahnsteigleuchte

I Personenbahnhof für Haupt- und S-Bahn

II gedachte Lage des Bahnbetriebswerks und der Gleisgruppen zum Zusammenstellen von Reisezügen

III gedachte Lage des Güterbahnhofs

Abb. 19: Gleisplan des Bahnhofs Liebstadt

Abb. 20: Die Bahnanlage

Materialien

Gleismaterial der Firma Roco

Anzahl	Best.-Nr.	Bezeichnung
33	42200	Flexgleis
2	42309	Standardweiche links
9	42361	Modellweiche rechts'
6	42359	Modellweiche links
1	42323	Doppelte Gleisverbindung
10	10010	Weichenantrieb links
11	10011	Weichenantrieb rechts
11	10015	Unterflurumrüstsatz
3	42267	Prellbock
4 Packg.	42263	Schienenverbinder
2 Packg.	42264	Isolierschienenverbinder
2 Packg.	10000	Gleisnägel
30 Packg.		Schienenverbinder mit Anschlußkabel

Gleisbettungen von Roco

33	42700	
2	42719	
9	42710	
6	42709	
1	42725	

Bahnstromversorgung von Roco

5	10701	Universaltrafo
4	10712	ASC 2000 Fahrpulte

Elektronik von Roco

1	10200	Zentrale
4	10210	Module zur Relaissteuerung
1	10025	Flachbandkabel 5polig
1	10623	Flachbandkabel 3polig
8 Packg.	10603	Stecker 3polig
1 Packg.	10605	Stecker 5polig
10	10019	Relais für Signal- und Lichtsteuerung

Zubehör von Brawa

9	8834	Ausfahrsignal mit Vorsignal
21	5501	Bahnsteiglampe
30	5499	Bahnsteiglampe

Titan

1		Beleuchtungstrafo

Diverse Kleinteile sowie Kabelmaterial für die Bahn-
strom- und Beleuchtungsversorgung

Schloßplatz

Kulisse
Stellpult

Relais-
Steuerg.

Dieser unterlegte Bereich wird in Abhängigkeit der
Stellung von Signal 18 mit einem Tastendruck von
der Steuerung automatisch entweder TRAFO 1 oder
TRAFO 2 zugeordnet:

Signal 18 rot – Trafo 2; Weiche 26, 29 auf Abzweig
Signal 18 grün – Trafo 1; Weiche 26, 29 geradeaus;
Weiche 28 auf Abzweig

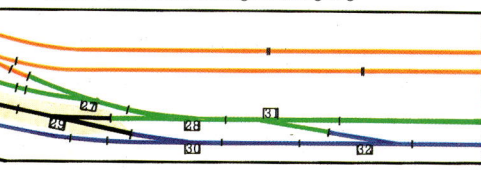

3. Gleisbau

Zur Erläuterung der Funktion der einzelnen Schienenteile unserer Bahnanlage haben wir ein Demonstrationsoval aus Roco-Schienen aufgebaut, an dem wir Grundlegendes erklären wollen. Sie können hier mit wenig Schienenmaterial generelle Schritte nachvollziehen und das Gelernte bei Ihrer Anlage anwenden.

Materialliste Testoval

Grundplatte: Spanplatte 120 x 220 cm von 13 mm Stärke oder vier Module 60 x 110 cm
1 Gleichstromregeltrafo
je 4 Roco-Bogengleise 30° der Radien R5, R4, R3
1 Roco-Flex-Gleis (42201)
8 Gerade Gleisstücke (42202)
1 Pack Schienenverbinder (42263)
1 Pack Isolierschienenverbinder (42264)
4 Pack Schienenverbinder mit Anschlußkabel (42265)
1 Stecker (10603)
1 Pack Schienennägel (10000)
1 Taster (10522)
1 Rolle Schaltdraht blau
1 Lüsterklemmenleiste
10 Kurvenüberhöhungsstreifen von Merkur
evtl. Styroplastgleisbettungen (8 x 42701, 4 x 42706, 4 x 42705, 4 x 42704, 1 x 42701) von Roco, Klebeband 10098 dazu

Werkzeug

Schraubendreherset von Minicraft
Elektronikerzange
Minicraft-Kleinbohrmaschine mit Dorn und Trennscheibe
1 kleiner Hammer
1 Abisolierzange
1 Bastelmesser
1 Bleistift

---

a) Der Stromanschluß

Man könnte einfach die beiden Klemmen des Anschlußgleises mit den beiden Bahnstromklemmen des Trafos verbinden. Sollen aber einzelne Gleisabschnitte über Schalter oder Relais ein- und ausgeschaltet werden, so ist diese Art der Stromzuführung unbefriedigend. Also verwenden wir Schienenverbinder mit Anschlußkabel.

An einem Gleisstoß (der Verbindungsstelle zweier Gleise) werden die Schienenverbinder mit einer Elektronikerzange von den Schienen abgezogen. Dabei wird das Schienenstück in der linken Hand gehalten. Die rechte Hand greift mit der Zange in den Schienenverbinder und zieht ihn mit leichten Drehbewegungen von der Schiene ab. Jetzt haben wir Platz für die Schienenverbinder mit Anschlußkabel. Sie werden mit der Zange auf die Profile aufgeschoben, und die Schienen werden wieder zusammengesteckt. Die Anschlußkabel werden anstelle der Kabel des Anschlußgleises mit dem Trafo verbunden.

Auf unserer Demoanlage haben wir die der Ovalaußenseite zugewandte Schiene mit dem gelben und die Innenschiene mit dem blauen Anschlußkabel angeschlossen.

b) Trennstellen

Um einen Mehrzugbetrieb durchführen zu können, werden Modellbahnanlagen in mehrere Stromkreise unterteilt, oder es werden Halteabschnitte eingefügt.

An den Nahtstellen zweier Stromkreise wird der Stromfluß in beiden Schienen unterbrochen. Die Schienenverbinder eines Gleisstoßes werden einfach durch Isolierschienenverbinder aus Plastik ersetzt. Für Halteabschnitte wird der Stromfluß in einer Schiene vor und hinter dem Halteabschnitt unterbrochen. Der Halteabschnitt wird

Abb. 21: Demonstrationsoval mit Kurvenüberhöhung und verdrahtetem Halteabschnitt

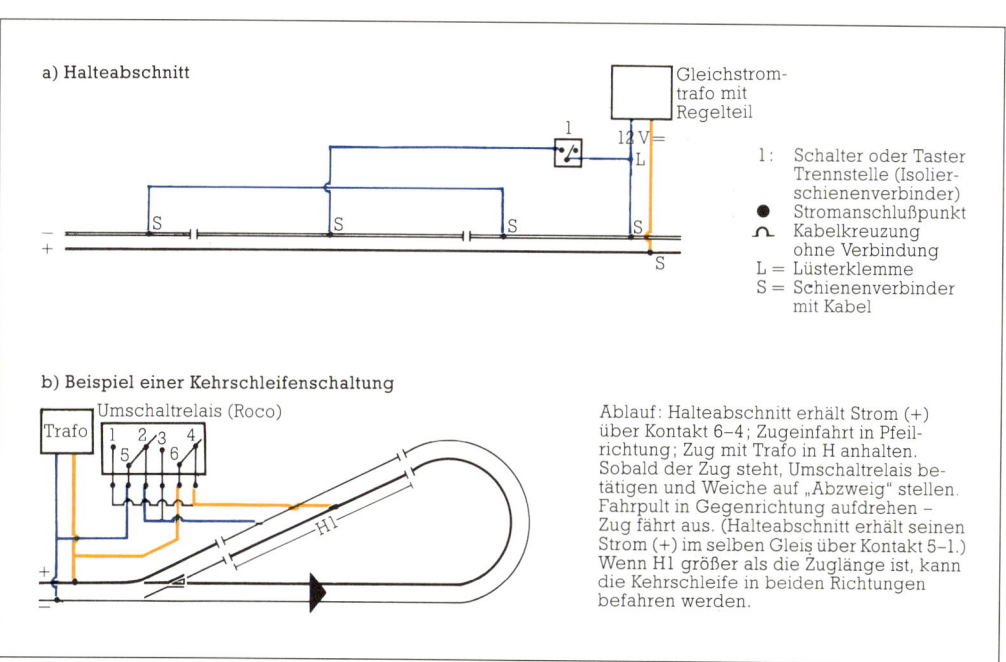

Abb. 22: Verdrahtungsbeispiele

über ein Relais (bei Signalsteuerung), über einen Schalter oder über einen Taster (nur bei gedrücktem Taster kann ein Zug weiterfahren) mit dem entsprechenden Trafo verbunden. Damit auch bei mehreren Halteabschnitten nirgendwo der „Saft" wegbleibt, sollten die Schienen vor und hinter dem Halteabschnitt mit einem Kabel verbunden werden (siehe Skizze S. 31).

c) Kehrschleifen

In Kehrschleifen (siehe Skizze) müssen mindestens zwei Stromkreistrennungen eingebaut werden. Zwischen diesen wartet die Lokomotive, bis der Strom umgepolt ist. Dann erhält sie über einen Schalter den Ausfahrstrom. Kehrschleifen ohne Stromkreistrennungen verursachen Kurzschluß.

d) Weichen mit elektromagnetischem Antrieb

Materialliste Weichenbau (für ein Weichenpaar) Liebstadt
1 Weichenpaar z. B. Roco 42360 je 1 Weichenantrieb 10010 und 10011 dazu 1 Unterflurumrüstsatz 10015 je 1 Styroplastgleisbettung 42709 und 42710 sowie Styroplastklebeband 10098 2 Stecker 10603 1 Rolle Flachbandkabel 3fach 10623 (diese reicht natürlich für mehrere Weichenanschlüsse aus) Nur bei manueller Steuerung: 1 Wechselschalter mit Rückmeldung 10520 (reicht für 4 Weichen) 1 Pack Kabelklipse (evtl.)
Werkzeug
Bastelmesser Abisolierzange Seitenschneider Bohrmaschine mit 4-mm- und 10-mm-Holzbohrer 1 Lötkolben Lötfett Elektroniklot Minicraft-Schraubendreherset

In den Antrieben von Modellbahnweichen sitzen kleine Spulen mit Eisenkern. Erhält die Spule Strom, zieht sie den Eisenkern an, und der daran befestigte Weichenstelldraht bewegt die Weichenzungen. Diese Spulen sind jedoch nicht dauerstromfest, d. h., führt man einer Spule über einen längeren Zeitraum den Schaltstrom zu, so erwärmt sie sich so stark, daß die Kupferwicklung durchschmort.

Moderne Weichenantriebe haben eine Endabschaltung: Nach dem Umschalten der Weichenzungen schalten sie die eigene Stromzufuhr ab. Weichenantriebe mit Endabschaltung können also (bei funktionierender Endabschaltung) nicht mehr durchbrennen. Gekoppelt mit der Endabschaltung ist meist eine echte Rückmeldemöglichkeit der Weichenstellung an eine Anzeigelampe im Stellpult. Dies ist besonders wichtig bei Weichen, die vom Stellpult aus nicht eingesehen werden können. Eine echte Rückmeldung erkennen Sie daran, daß sich die Anzeige im Gleisbildstellpult auch dann ändert, wenn Sie die Weiche von Hand umschalten.

Die von uns verwendeten Roco-Weichen haben neben der Antriebsendabschaltung noch einen zusätzlichen Umschalter zur Polarisierung des Herzstücks: Das Herzstück einer Weiche ist der Teil, an dem sich Innen- und Außenschiene kreuzen. Dieses Teil muß je nach Weichenstellung eine verschiedene Polarität (+ oder −) haben. Dafür sorgt der zusätzliche Umschalter im Weichenantrieb.

Einige Hersteller machen sich diese Mühe nicht und setzen statt dessen ein Plastikteil ein. Dann kann es passieren, daß Lokomotiven auf den Weichen stehenbleiben.

e) Weichenmontage im Bahnhof Liebstadt

Die Weichenantriebe im Bahnhof Liebstadt wurden unterflur montiert. Dies sieht vorbildgetreu aus und hat den Vorteil, daß die Weichenantriebe jederzeit unter dem Anlagenbrett frei zugänglich sind. Um Weichen mit einem echten Unterflurantrieb auszustatten, benötigt man für jede Weiche einen Unterflurzurüstsatz.

Nachdem die endgültige Position der Weiche durch probeweisen Aufbau der

Gleisanlage festliegt und der Verlauf von Gleisen und Weichen auf dem 13 mm starken Grundbrett fixiert ist, haben wir in unserem Bahnhof zunächst die Weichenstraßen montiert. Die Weichen werden in ihre Styroplastbettungen eingepaßt, und die Öffnungen für den Stelldraht und die Kabel der Herzstückpolarisierung werden mit einem Bastelmesser in diese Bettung eingeschnitten.

Jetzt kann die Position der 10-mm-Bohrung für den Stelldraht in der Grundplatte angezeichnet und mit einer Bohrmaschine mit 10-mm-Bohrer aufgebohrt werden. Für die Kabeldurchführung verwenden wir den 4-mm-Bohrer. Die Styroplastbettung der Weiche wird mit Styroplastklebeband in der angezeichneten Position aufgeklebt. Der Unterflurzurüstsatz wird nach Anleitung montiert. Vergessen Sie nicht, die Kabelverbindungen für die Herzstückpolarisierung anzulöten. Hierbei, wie auch bei anderen Lötarbeiten an der Anlage, haben wir gute Erfahrungen mit dem handlichen Akkulötkolben aus dem Conrad-Versand gemacht.

f) Flexgleise und Gleisbögen

Sogenannte flexible Gleise (auch Metergleise genannt) erlauben einen besonders vorbildgetreuen Anlagenbau. Statten Sie doch eine Seite Ihres Testovals probeweise mit Flexgleis aus.

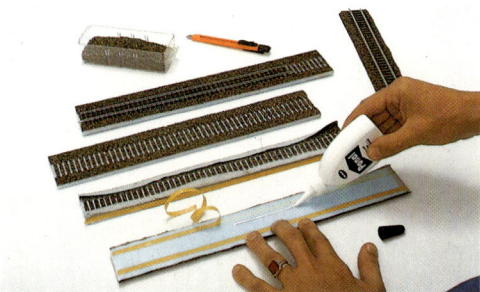

Abb. 23: Vorbereitung der Gleisbettungen: Gleis auflegen – Gleisbettung ablängen – Gleis einpressen – Bettung festkleben

Abb. 24: Freiräumen des Schwellenkörpers bei abgelängten Flexgleisen

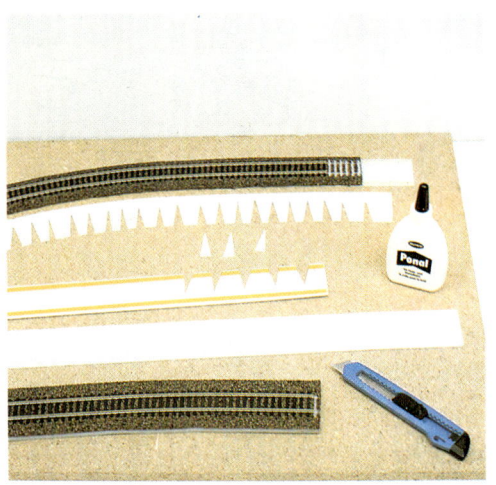

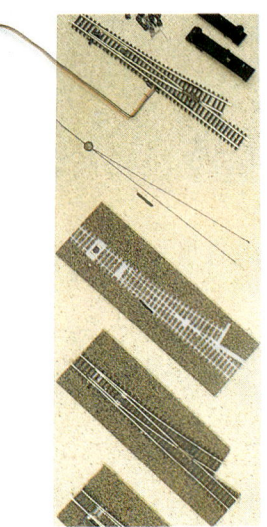

Abb. 25: Kurvenüberhöhung mit Styroplast-streifen: Kurvenverlauf festlegen – Streifen einschneiden und aufkleben – Bettung aufkleben.

Abb. 26: Weicheneinbau: Anzeichnen – Bohren – Bettung vorbereiten – Einbauen. Unten: Weiche ohne Unterflurbetrieb

Zur Nachbildung langer Geraden nehmen wir flexibles, zum Kurvenbau extraflexibles Roco-Metergleis. Diese Gleise eignen sich besonders zum individuellen Ablängen. Wir haben mit einer Minicraft-Kleinbohrmaschine gearbeitet. Nach dem Einsetzen des Dorns mit der Trennscheibe wird das Schienenprofil durchschnitten. Für Arbeiten an der Gleisanlage eignet sich besonders eine Akku-Kleinbohrmaschine.

Versuchen Sie, zwei Schienenstücke von 10 cm Länge vom Metergleis sauber abzutrennen. Entgraten Sie die Schnittstellen mit einer Feile und schieben Sie die Schienenverbinder über die abgesägten Enden. Eventuell muß der Plastikschwellenkörper erst mit dem Bastelmesser freigeräumt werden. Jetzt können die beiden 10 cm langen Schienenstücke in Ihr Testoval eingefügt werden.

Gleisbögen lassen sich mit Flexgleisen besonders wirkungsvoll nachgestalten. Das Fahrverhalten der Züge verbessert sich, wenn Sie den Übergang von der Geraden in den Gleisbogen hyperbelförmig ausführen. Zusätzlich sollte man für den Gleis-

bogen eine Kurvenüberhöhung vorsehen. Auch beim großen Vorbild sind sämtliche Kurven mit Übergangsbögen und Kurvenüberhöhung ausgestattet.

Setzen Sie vor allem im sichtbaren Bereich der Anlage möglichst weite Radien ein und verwenden Sie auch im nicht-sichtbaren Bereich nie Radien unter 400 mm. Der von der Industrie noch immer propagierte Standardradius von 360 mm ist ein Anachronismus aus der Zeit der Blecheisenbahnen mit stark verkürztem Fahrzeugmaterial.

In unserem Testoval mit fertigen Bogengleisen haben wir die Kreisbögen wie folgt zusammengesetzt: Gerade, Roco-Bogen: R5, R4, R3, R3, R4, R5, wiederum Gerade. Dies ergibt einen Kreisaußendurchmesser von knapp 100 cm. Dies sollte die untere Grenze bei Gleisbögen vorbildgetreuer Anlagen sein.

Es ist ratsam, zwischen Bogen und Gegenbogen (S-Kurve) immer eine kurze Gerade einzufügen.

Kurvenüberhöhungen lassen sich einfach montieren. Dafür gibt es von der Firma Merkur keilförmige Styroplaststreifen, die zwischen Bogengleis und Anlagengrundplatte eingelegt werden. Leider können beim Einbau von Übergangsbögen und Kurvenüberhöhungen etwaige Weichen in Gleisbögen nur von Superbastlern realisiert werden, die sich ihre Weichen selbst zusammenbauen.

g) Gleisbettungen und Gleisverlegung

Die Gleise der Anlage Liebstadt haben wir auf 13 mm starken Spanplatten verlegt, deren Maße der Gleisplanskizze entnommen werden können.

Als Gleisbettungen haben wir fertige Styroplastgleisbettungen verwendet. Für Roco-Gleise werden diese Bettungen von Roco selbst vertrieben, für fast alle anderen Gleissysteme gibt es diese Bettungen von der Firma Merkur. Der Einbau gestaltet sich erfreulich einfach.

Nachdem die Position der einzelnen Gleise festliegt, die Gleise probeweise lose auf die Grundplatte aufgelegt und der Gleisverlauf mit Bleistift angezeichnet wurde, schneidet man die Gleisbettungen mit einem Bastelmesser zurecht.

Tip: Bauen Sie nach Möglichkeit immer von der Modulkante zur Modulmitte hin.

Abb. 27: Der Einbau der empfindlichen sichtbaren Signalteile erfolgt erst nach der Geländegrundgestaltung.

Dann werden die Gleise vorbereitet: Trennstellen werden gesetzt, und die Kabel für Stromzuführungen angelötet. Die Löcher für die Kabeldurchführung zur Anlagenunterseite werden mit der Minicraft-Kleinbohrmaschine mit einem 4-mm-Bohrer gebohrt.

Nun werden die Gleise befestigt. Zunächst werden die Weichenstraßen montiert, dann die Flexgleise eingefügt. Sie sollten schon in die Bettungen eingepreßt werden, bevor diese mit Spezialklebeband oder Spezialklebstoff auf der Grundplatte festgeklebt werden. Mit ein paar Schienennägeln werden sie zusätzlich fixiert – fertig.

In Gleisbögen wird zuvor zwischen Gleisbettung und Grundplatte noch der Kurvenüberhöhungsstreifen geklebt. Dieser muß dem Kurvenverlauf entsprechend an der Bogeninnenseite eingeschnitten und in der Geraden noch mindestens 5 cm fortgesetzt werden.

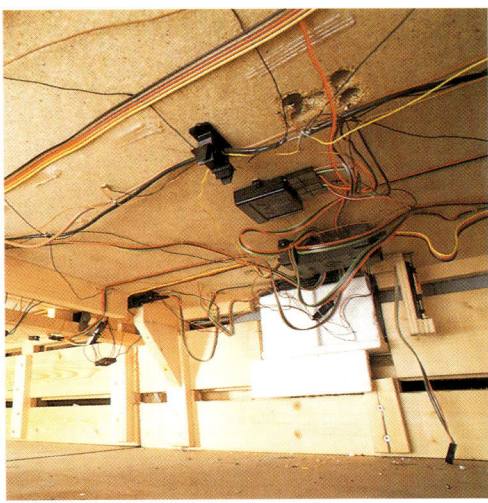

Abb. 28: Blick unter die Anlage: Ringleitung – Verteilermodul – Relais

h) Gleise an Modulkanten

Gleise werden bis unmittelbar an die Modulkanten (es sei denn, man hat hier mit dem Verlegen begonnen) herangeführt und dort bei Bedarf mit einer Minicraft-Bohrmaschine abgesägt. Schneiden Sie das Plastikschwellenband immer so zurecht, daß Sie die Schienenverbinder ganz zurückschieben können. Nach dem Zusammenschrauben zweier Module werden sie dann mit einem kleinen Schraubendreher wieder vorgeschoben. So verbinden sie die Gleise über die Modulgrenzen hinweg. Der Gleismittenabstand zweier Parallelgleise sollte 57 mm betragen. Die Höhe der Gleisoberkante über der Grundplatte ergibt sich aus der Höhe des in Styroplastbettungen eingesetzten Roco-Gleises.

Die Verkabelung erfolgt an der Grundplatenunterseite mit dem Roco-Flachbandkabel und -Vielfachsteckersystem.

4. Signale

Die Gleise unseres Hauptbahnhofs haben wir mit Ausfahrvorsignalkombinationen (entsprechend aktuellem Bundesbahnstandard) ausgestattet. Diese Signale geben dem Zugverkehr die Strecke frei und zeigen dem Lokomotivführer an, ob das nächste Streckensignal auf Grün, Grün-Gelb (Langsamfahrt) oder Rot steht. Außerdem regeln sie den Rangierverkehr.

Die hier eingesetzten Ausfahrsignale sind die komplexesten Signale der Bundesbahn. Die Anordnung der Signalbilder ist der Skizze zu entnehmen. Auf die Nachbildung der Einfahrsignale haben wir verzichtet, da diese außerhalb des sichtbaren Bereichs unseres Bahnhofs stehen würden. Über Signalbilder und die Bedeutung weiterer bei der Bundesbahn vorkommender Signale können Sie sich durch Kataloge und Signalbücher der Hersteller von Modellsignalen bestens informieren.

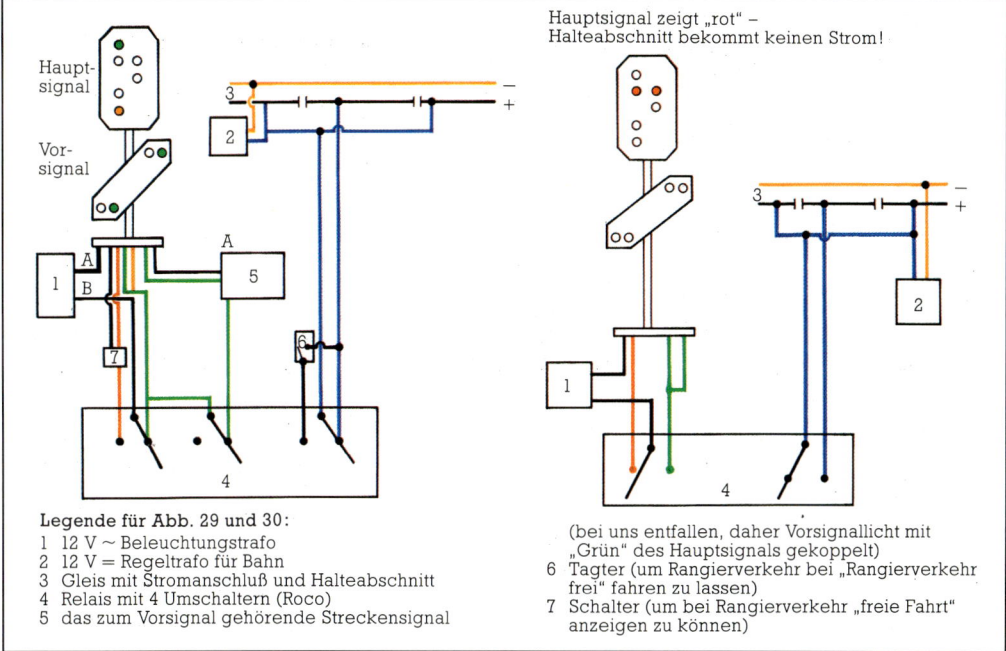

Legende für Abb. 29 und 30:
1 12 V ~ Beleuchtungstrafo
2 12 V = Regeltrafo für Bahn
3 Gleis mit Stromanschluß und Halteabschnitt
4 Relais mit 4 Umschaltern (Roco)
5 das zum Vorsignal gehörende Streckensignal

(bei uns entfallen, daher Vorsignallicht mit „Grün" des Hauptsignals gekoppelt)
6 Tagter (um Rangierverkehr bei „Rangierverkehr frei" fahren zu lassen)
7 Schalter (um bei Rangierverkehr „freie Fahrt" anzeigen zu können)

Abb. 29: Komplett verdrahtetes Signal: Stellung – Langsamfahrt frei

Abb. 30: Vereinfachte Verdrahtung: Signalstellung – Halt

Einbau der Signale
Zunächst wird die Position eines Signals festgelegt. Die Standorte der Signale auf unserer Anlage entnehmen Sie der Abb. 19. An der vorgesehenen Stelle haben wir mit einer Bohrmaschine und einem 10-mm-Bohrer ein Loch in die Grundplatte gebohrt. Das Signal wird in das Loch eingesteckt und mit der Grundplatte verschraubt. Entsprechend der Skizze haben wir sodann das Signal mit dem Roco-Relais verdrahtet. Dieses Relais steuert gleichfalls den Halteabschnitt des Signals an. Es steuert den Zugstrom so, daß der Zug nur dann weiterfährt, wenn das Signal Grün anzeigt.

5. Beispiel einer elektronischen Relaisschaltung

Zur Ansteuerung der Weichen und Relais der Halteabschnitte und Signale haben wir in unserem Hauptbahnhof eine sehr komfortable microprozessorgesteuerte Elektronik von Roco eingesetzt: Das ist eine Art Kleincomputer. Diese Elektronik besteht bei uns aus der Zentraleinheit und einer Ringleitung mit vier Verteilermodulen.

An jedes Verteilermodul lassen sich acht Relais anschließen. Die Weichen und Signalrelaisnummern auf dem Gleisplan entsprechen den Tastennummern auf der Zentraleinheit. Diese Steuerung kann im Bedarfsfall noch erweitert und durch ein Gleisbildstellwerk ergänzt werden. Der Verdrahtungsaufwand bleibt in jedem Falle

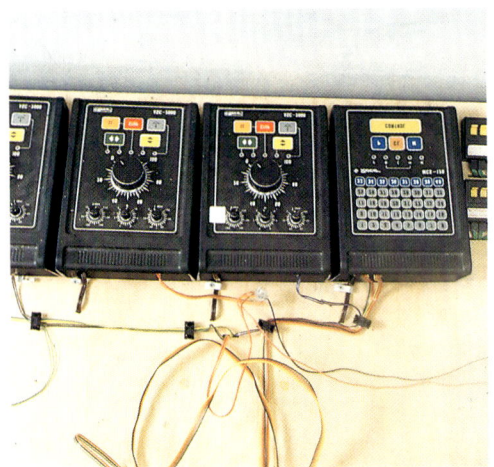

Abb. 31: Fahrpulte und Zentrale der Steuerungselektronik

minimal, obwohl sich zusätzlich 8 Fahrstraßen einstellen lassen (in der Erweiterung noch mehr). Fahrstraßen sind Kombinationen von Weichen- und Signalstellungen, die sich durch Drücken einer einzigen Taste gemeinsam stellen lassen. Diese Kombinationen kann man frei wählen und jederzeit durch einfaches Eintippen verändern.

Wir haben beispielsweise folgende Fahrstraßen zusammengefaßt: Blaue Taste 33 (Ausfahrt von Gleis 1) stellt die Weichen 3–6 auf Abzweig, Signal 9 auf Rot und Signal 10 auf Grün. Taste 34 (Ausfahrt von Gleis 3) stellt Signal 10 auf Rot, Weiche 3 Geradeaus und Signal 9 auf Grün. Taste 35 (Ausfahrt von Gleis 11) stellt Signal 13 auf Rot, Weiche 17–20 auf Geradeaus und Signal 14 auf Grün usw.

6. Der Schattenbahnhof

Um einen fahrplanmäßigen, abwechslungsreichen Spielbetrieb durchführen zu können, ist es zweckmäßig, im nicht einsehbaren Bereich der Anlage mehrere Zuggarnituren abzustellen, die durch Knopfdruck abgerufen werden können: Dies kann nur mit einem Schattenbahnhof erreicht werden. Unserer ist einfach gehalten. Die Gleisführung ist aus der Abbildung ersichtlich.

Dieser Teil der Anlage wird konventionell betrieben. Vor den Weichengruppen liegen Halteabschnitte. Diese werden über Taster mit Strom versorgt. Ein ankommender Zug fährt in sein Abstellgleis ein und hält, sobald die Lok in den Halteabschnitt einfährt. Ausfahren kann der Zug nur, wenn der entsprechende Taster am Schaltpult so lange gedrückt wird, bis der Zug den Halteabschnitt verlassen hat. Das Stumpfgleis ganz außen ist der S-Bahn vorbehalten. Hier ist der Halteabschnitt durch eine Fahrtrichtungsdiode abgesichert.

Abb. 32: Der Schattenbahnhof befindet sich hinter der Anlagenkulisse.

Kapitel 5

Oberflächengestaltung

1. Vorbereitung des Untergrundes

Die hier vorgestellten Module sind Teile des Modulsystems Liebstadt.
Grundlage ist eine 80 x 117 x 90 x 160 cm Spanplatte von 13 mm Stärke für den Schloßpark und eine 96,5 x 111 x 35 x 142,5 cm große für die Fußgängerzone.

Zunächst befestigen wir an den Plattenunterseiten die Modulkanten für Ebene 0 (einfache Modulkante gemäß Kap. 2) und kleben sie mit Ponal an die Grundplatte. Danach bringen wir an der Hinterseite des Schloßparkmoduls die Aufsatzmodulkan-

---

Materialliste

1 Spanplatte 80 x 117 x 90 x 160 cm für Schloßpark (S)
1 Spanplatte 96,5 x 111 x 35 x 142,5 cm für Fußgängerzone (F)
je 13 mm stark mit Modulkanten entsprechend Kapitel 4.1
Aufsatzmodulkante Liebstadt (Höhe +5 = 4,8 cm) 111 cm lang (F)
(Höhe +10 = 9,6 cm) 90 cm lang (S)
Styroporauflage Schloßpark:
1 Styroporplatte 2 x 50 x 100 cm
4 Styroporplatten 3 x 50 x 100 cm
1 Styroporplatte 5 x 50 x 100 cm
Styroporauflage Fußgängerzone:
4 Styroporplatten 2 x 50 x 100 cm
1 Styroporplatte 3 x 50 x 100 cm
1 Styroporplatte 4 x 50 x 100 cm
Ponal (F)
Ponal super 3 (S)
Pritt Alleskleber
Assil K Kontaktkleber für Styropor
Assil IF Isolier- und Füllschaum
dufix Leicht und Fertig Füllspachtel
1–2 kg Feingips

Werkzeug

Stichsäge
Bleistift
Styroporschneider
Bastelmesser
Japanspachtel
Spachtel
Plastikmischgefäß zum Gips anrühren

Abb. 33: Schloßpark und Fußgängerzone sind hier in jeweils unterschiedlichen Baustufen zu sehen.

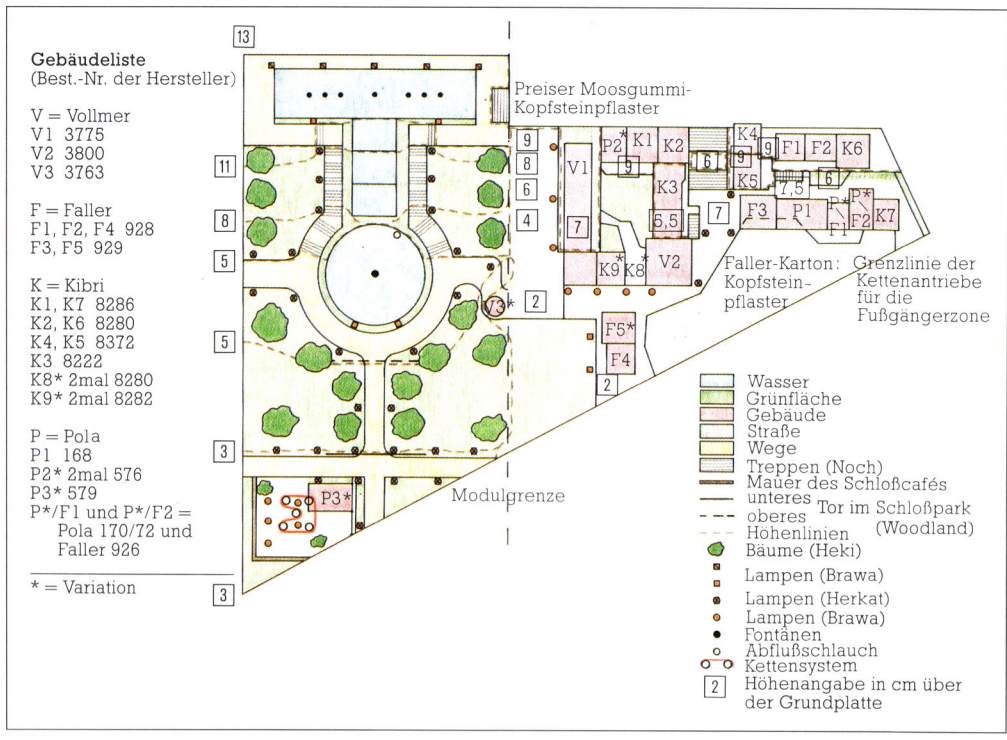

Abb. 34: Schloßpark und Fußgängerzone – Detailplan

ten für die Höhe +10 und an der Hinterseite des Fußgängermoduls die Aufsatzkanten für Höhe +5 an. Nachdem mit einer Stichsäge in der Grundplatte des Schloßparks noch zwei rechteckige Öffnungen für die Pumpenschläuche des oberen Wasserbeckens ausgesägt wurden, sind die Holzarbeiten abgeschlossen (vgl. Kapitel 2 und 10.2).

Beide Module werden mit Styroporplatten von 3 cm (S) bzw. 2 cm (F) Stärke ausgelegt, überstehende Styroporteile mit Bleistift markiert und mit dem Styroporschneider abgeschnitten. Die Aussparungen für die bewegten Systeme werden angezeichnet und das Styropor entlang dieser Linien ebenfalls ausgeschnitten.

Die Maße aller Platten des Schloßparkmoduls sind der Skizze zu entnehmen. Die Platten werden sodann mit Assil K Kontaktkleber für Styropor untereinander und mit der Grundplatte verklebt.

Sie haben jetzt ein Stufenmodell des Parkgeländes. Die Stufen werden mit Assil IF Isolier- und Füllschaum sparsam aufgeschäumt. Das Volumen des Montageschaums vergrößert sich nämlich während des Trocknens noch beträchtlich. Aus dem Montageschaum läßt sich dann mit einem Bastelmesser leicht die gewünschte Geländeoberfläche herausschälen.

Die endgültige Formung des Geländes erfolgt durch Verspachtelung mit Feingips. Diese großflächige Verspachtelung wird vor dem Einsetzen der bewegten Systeme, der Brunnenanlage und der Leuchten, vorgenommen, um diese Teile nicht unnötig zu verschmutzen.

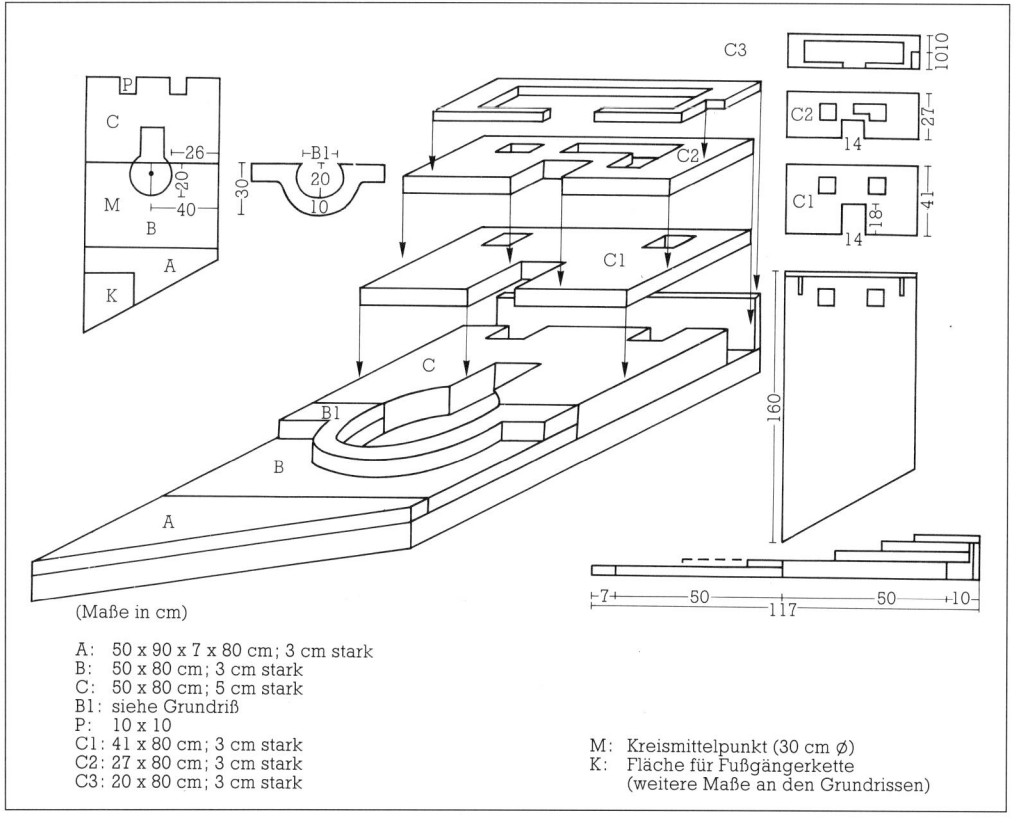

(Maße in cm)

A: 50 x 90 x 7 x 80 cm; 3 cm stark
B: 50 x 80 cm; 3 cm stark
C: 50 x 80 cm; 5 cm stark
B1: siehe Grundriß
P: 10 x 10
C1: 41 x 80 cm; 3 cm stark
C2: 27 x 80 cm; 3 cm stark
C3: 20 x 80 cm; 3 cm stark

M: Kreismittelpunkt (30 cm ⌀)
K: Fläche für Fußgängerkette
    (weitere Maße an den Grundrissen)

Abb. 35: Montage der Styroporauflagen für den Schloßpark

Abb. 36: Ausschäumen des Schloßparks – der Untergrund erhält seine Form.

Der Feingips wird mit Wasser – am besten in einem Gefäß aus Weichkunststoff – zu einem Brei gemischt und mit einem Spachtel aufgetragen. Mit angefeuchteten Fingern können jetzt noch Veränderungen der Oberfläche vorgenommen werden.

In den noch feuchten Feingips werden an den vorgesehenen Stellen die (nach Kapitel 5.2) vorbereiteten Treppen eingedrückt und ausgerichtet. Nach dem Austrocknen des Moduls werden (gemäß Kapitel 7) die Leuchten eingesetzt und die Lampensockel eingespachtelt. Dann geht es an die Oberflächengestaltung der Wege und die Begrünung der Rasenflächen. Erst nachher werden die bewegten Systeme und Wasserspiele eingesetzt.

Der Aufbau der Styroporplatten für die Fußgängerzone erfolgt entsprechend. Anschließend werden die Straßenfolien gelegt. Treppen und Mauern werden mit Pritt Alleskleber auf das Styropor geklebt. Die wenigen Geländestellen der Fußgängerzone werden nicht aufgeschäumt, sondern direkt aus Feingips geformt und anschließend begrünt.

Endlich kann dem Auge etwas geboten werden: Die Gebäude werden probeweise aufgestellt. Die Beleuchtung wird installiert und die Fußgängerketten (Kapitel 8) sowie der kleinste Kaffeetrinker der Welt eingebaut (Kapitel 9).

2. Straßen, Wege, Plätze, Treppen und Mauern

Eine Stadt braucht Verkehrswege: eine breite Allee, Plätze und Gassen in der Altstadt sowie Wege und Treppen im Schloßpark. Für diese Verkehrsflächen muß schon bei der Anlagenplanung genügend Raum vorgesehen werden. Eine zweispurige Straße z.B. sollte im Modellmaßstab 1:87 etwa 10 cm breit sein, dazu kommen dann noch die Bürgersteige von je 3–5 cm: die Gesamtbreite beträgt somit 16–20 cm. Dieser Anhaltswert ergibt jedoch keineswegs eine besonders breite Straße. Die vierspurige Schloßallee unserer Beispielanlage Liebstadt ist insgesamt 50 cm breit und weist bis zu 10 cm breite Bürgersteige auf. Und trotzdem treten sich da manchmal die kleinen Persönchen noch auf die Füße.

Für Straßen im Anlagenbau wollen wir nun einige verschiedene Methoden vorführen.

Abb. 37: Materialien zur Gestaltung und Alterung von Straßen

Materialliste für die Fußgängerzone
21 Fallerplatten mit Kopfsteinimitation 1 Moosgummimatte mit Kopfsteinimitation (Preiser) 1 Styroporplatte 1 x 50 x 100 Plaka-Farbe (schmutziggrau)
Werkzeug
Pinsel 0–3 Bleistift Schere Plastikbecher Pritt Alleskleber

a) Straßenbau mit Farben

Schnell, billig und einfach können Sie Asphaltstraßen imitieren, indem Sie die Flächen der Grundplatte bzw. der Styroporauflage mit dünnem Karton bekleben. Dazu haben wir Pritt Alleskleber verwendet.

Der Karton wird anschließend mit grauer Plaka-Farbe von Pelikan bestrichen. Straßenmarkierungen als Aufreibesymbole sowie entsprechende Verkehrszeichen findet man beispielsweise im Heki-Sortiment.

b) Straßenbau mit fertigen Platten

Ebenfalls einfach ist der Straßenbau mit fertig bedrucktem Karton, wie in unserer vorderen Fußgängerzone. Wir haben die ganze Fläche mit Faller-Platten mit Kopfsteinimitation ausgelegt, überstehende Plattenteile einfach mit Bleistift markiert und mit der Schere abgeschnitten. Dann werden die Platten mit Pritt Alleskleber auf den Styroporuntergrund geklebt.

Die Straße entlang des Schloßparks weist eine Steigung auf. Zunächst wurde hier

Abb. 38: So entsteht eine realistisch gewölbte Straße aus Styroplastplatten und einem „dufix-Plaka-Asphalt".

eine 1 cm dicke Styroporplatte entsprechend der Straßenlänge und -breite (gemäß der Maße von Abb. 34) in die Geländestufen eingepaßt.

Straßenanschlüsse zwischen Steigung und waagerechten Strecken sind beim Vorbild immer gewölbt. Zur Nachbildung dieser Wölbungen verwendeten wir dufix Leicht und Fertig Füllspachtel. Diese wird an den Straßenanschlüssen aufgetragen und mit dem Spachtel entsprechend geformt. Nach dem Austrocknen haben wir eine Moosgummimatte mit Kopfsteinpflasterimitation der Firma Preiser aufgelegt, mit einer Schere vorsichtig zurechtgeschnitten und mit Pritt Alleskleber auf den Untergrund geklebt.

Schließlich werden die Straßen farblich gealtert. Dazu verwenden wir Wasser, dem etwas schmutziggraue Plaka-Farbe beigegeben wird. Dieses Gemisch haben wir mit einem Pinsel der Stärke 5 aufgetragen (vgl. auch Kapitel 6.3).

c) Straßenselbstbau mit Bürgersteig und Wasserrinnen

Reale Straßen sind nie genau waagerecht. Sie weisen immer ein Gefälle zur Seite auf, damit das Regenwasser abfließen kann. Die Bürgersteige sind ebenfalls zur Wasserrinne geneigt. Für Straße und Bürgersteig haben wir ungeprägte Styroplastplatten von Merkur genommen.

Zunächst wird der Straßenverlauf auf der Grundplatte bzw. Styroporauflage eingezeichnet. In der Straßenmitte wird auf der gesamten Länge der Straße ein Styroplast-, Kunststoff-, Holz- oder Kartonstreifen mit einem Querschnitt von etwa 3 x 3 mm aufgeklebt. Zum Schneiden von Styroplast eignet sich ein Bastelmesser.

Entsprechend Abb. 38 wird nun die Styroplastauflage mittig über dem Streifen mit Ponal und an den Rändern mit Styroplastklebeband von Merkur bzw. Roco mit der Grundplatte (Styroporauflage) verbunden. Rechts und links der Straße werden auf Bürgersteigbreite zurechtgeschnittene Styro-

---

Materialliste Straßenselbstbau für 1 m Straße:

3 Styroplaststreifen 10 x 100 cm (Merkur)
1 Kartonstreifen 0,3 x 0,3 x 100 cm
2 Kartonstreifen 0,1 x 0,3 x 100 cm
3 Pack Bürgersteigkanten (Preiser)
Styroplastklebeband
Papier
Plaka-Farbe matt weiß,
matt schwarz

Werkzeug

Haar-Pinsel 0–3
Mischgefäß für Farbe
Mischgefäß für Dufix
Rührstab
Lappen
Bastelmesser
Schere
Bleistift
Japanspachtel
Ponal
dufix Leicht und Fertig Füllspachtel

---

plaststreifen auf den Untergrund geklebt. Am Straßenrand werden dann Preiser-Bürgersteigkanten mit Styroplastklebeband befestigt. Jetzt werden die Bürgersteige mit zurechtgeschnittenen Styroplastplatten aufgefüllt. Diese werden am äußeren Rand wieder durch einen unterlegten Streifen etwas erhöht und entsprechend der Straßenplatte verklebt.

Nun können Straße und Bürgersteig asphaltiert werden. dufix Leicht und Fertig Füllspachtel wird mit asphaltgrauer Plaka-Farbe abgetönt und mit einem Spachtel dünn und gleichmäßig aufgetragen. Zum Schluß wird noch der Rinnstein angefertigt. Dazu wird Papier mit Plaka-Farbe hellgrau bemalt und in 4 mm breite Streifen geschnitten. Diese Streifen werden entlang der Bordsteinkanten auf die getrocknete Straße mit Pritt Alleskleber geklebt. Mit Bleistiftstrichen werden die Plattenkanten der Rinnsteinplatten angedeutet.

Abb. 39: Der zentrale Platz der Anlage ist der „Mömpplatz"

Variante: Bürgersteige können auch mit Verbundplattenfolie von Faller beklebt werden.

Tip: *Die unschönen Sockel von Straßenlampen können im Bürgersteig versenkt werden. Dazu wird die obere Styroplastplatte entsprechend ausgeschnitten. Die Straßenlampen werden eingesetzt (Bohrung für Kabel nicht vergessen) und mit asphaltgrau gefärbter dufix Leicht und Fertig Füllspachtel eingespachtelt.*

d) Straßengestaltung – der Platz im Zentrum unserer Stadt

Im Bild sehen Sie den zentralen Platz unserer Stadt: den Mömpplatz. Straßenmarkierungen leiten den Verkehr. An den einmündenden Straßen sind entsprechende Verkehrszeichen aufgestellt, und die Aufgabe der „ausgefallenen" Ampelanlage haben soeben Polizisten übernommen. Die Alleebäume von Heki wurden teilweise etwas gestutzt – denn auch in der Natur wachsen nicht alle Bäume gleich schnell in den Himmel. Die überlebensgroße Denkmalsfigur im Platzzentrum wurde aus Fimo-Modelliermasse geknetet, im Backofen gebrannt und anschließend mit Plaka-Farbe bemalt. Sie steht auf einem Sockel aus Styropor.

e) Wegebau

Auch bei der Gestaltung von Wegen ist auf ausreichende Breite zu achten. So sind die Hauptwege in unserem Schloßpark 5 bis 10 cm breit. Sie bestehen aus feinem Sand. Dieser wird mit hellbraun gefärbtem Ponal auf den fertigverspachtelten Untergrund aufgeklebt. Der Holzleim wird zunächst mit Plaka-Farbe eingefärbt und dann mit dem Pinsel gleichmäßig auf der Fläche verteilt. Sand, z. B. aus dem Heki-Sortiment, wird dick aufgestreut. Nach dem Trocknen wird der überschüssige Sand abgefegt. Jetzt kann die Geländebegrünung erfolgen.

Materialliste Wege, Treppen
Wege im Schloßpark
ca. 500 g Sand
Plaka-Farbe braun
Haar-Pinsel 2
Borstenpinsel mittel
Mischgefäß für den Leim
Ponal
Treppen in Schloßpark und
Fußgängerzone:
3 Treppenbausätze (S) von Noch
2 Treppenbausätze (F) von Noch
Laubsäge mit feinem Sägeblatt
Papier
Haar-Pinsel 2
Schere
Plaka-Farbe dunkelbraun matt
Pritt Alleskleber

Abb. 40: Zurechtschneiden und Einsetzen der Treppen-Materialien

f) Treppen

Die Treppen im Schloßpark und in der Fußgängerzone entstammen dem Treppenbausatz von Noch aus PU-geschäumtem Plastik. Dieses läßt sich am besten mit einer Laubsäge mit feinem Sägeblatt bearbeiten. Zunächst sägen Sie die Treppenstufen aus der Tafel aus. Stellen Sie sodann durch Einpassen in das Gelände fest, wie viele Stufen Sie für Ihre Treppe benötigen, und sägen Sie dann die entsprechende Anzahl von dem Stufenstreifen ab. Der Einbau in die Module erfolgt wie in Kapitel 5.1 beschrieben.

In der Fußgängerzone wurden zwei Treppen nebeneinandergeklebt, um einen breiteren Aufgang zu erhalten. Denken Sie auch an die Radfahrer und Leute mit Kinderwagen. Ein dunkel eingefärbter Papierstreifen von 5 mm Breite wird am Rand auf die Treppe aufgeklebt. Er dient als Schiebefläche für Räder und Kinderwagen.

g) Mauern

Die Mauern in der Fußgängerzone sind aus handelsüblichen Platten und Folien entstanden, die entsprechend zurechtgeschnitten und mit Pritt Alleskleber auf die Styroporunterlage aufgeklebt worden sind.

3. Grünflächen und Parkanlagen

Ein gepflegter Rasen, eine verwilderte Wiese, Unkraut am Wegrand – keine Grünfläche gleicht der anderen. Neben der Art der Grünfläche spielt die jahreszeitliche Einordnung der Anlage für Farbgebung und Gestaltung eine wichtige Rolle.

Sie sollten sich zunächst entscheiden, welche Jahreszeit Sie nachbilden wollen: Den Frühling, der frisches Hellgrün auf die Zweige zaubert und erste Blumen sprießen läßt; den Sommer mit seinem satten Dunkelgrün, den Herbst mit gelben Blättern und Gräsern; den Winter, der alles mit einer weißen Schneedecke einhüllt?

In unserem Schloßpark herrscht Spätsommer. Entsprechend wurden die Grünflächen dunkel schattiert. Als Rasenimitation verwendeten wir Heki-Grasfasern und Woodland-Landschaftsgestaltungsmaterial.

a) Vorbereitungen

Damit die Grasfasern möglichst senkrecht auf dem Untergrund stehen, müssen sie beim Auftragen elektrostatisch aufgeladen werden. Dies erreichen Sie entweder mit einem Heki-Beflockungsgerät oder einer

Abb. 41: Begrünung des fertig verspachtelten Geländes – hier der Spielplatz zwischen Schloßpark und Fußgängerzone

---

Materialliste Rasen im Schloßpark

4 Beutel Grasfasern (Heki)
2 Beutel Woodland-Landschaftsgestaltungsmaterial grün
Plaka-Farbe matt grün
Borstenpinsel mittel
Puderdose oder Beflockungsgerät
Mischgefäß für den Leim

Puderdose. Damit werden die Grasfasern auf den klebrigen Untergrund „geschossen". Bei der Puderdose müssen eventuell die Streuöffnungen etwas vergrößert werden.
Den Holzleim tönt man noch vor dem Auftragen mit grüner Plaka-Farbe ab.
Der Untergrund wird mit Ponal eingestrichen, und die Grasflocken werden auf-

gepudert. Nachdem der Rasen getrocknet ist, wird das Woodland-Material unregelmäßig in die Rasenfläche eingerieben. Sie erhalten eine natürlich schattierte Grasfläche. Höhere Gräser an Wegrändern werden durch einzelne Pinselborsten unterschiedlicher Dicke und Länge imitiert. Die Borsten werden mit Plaka-Farbe grün oder gelb eingefärbt und eingeklebt.

4. Büsche, Hecken und Bäume

Kleine und größere Büsche lockern die Grünflächen auf, verschönern Straßenränder und kaschieren Modulkanten oder Patzer beim Geländebau. Handelsübliche Gestaltungsmaterialien werden auch in diesem Fall wieder verfeinert.

a) Büsche aus Islandmoos

Wählen Sie beim Kauf Islandmoospackungen mit möglichst vielen dichtgewachsenen Moosteilen aus. Nur diese Teile werden

---

Materialliste für Büsche

1 Pack Islandmoos
1 Pack Heki-Dekoflocken
1 Pack feinstes Streumaterial grün
1 Pack feinster Sand z. B. von Heki
Plaka-Farbe matt rot, gelb, blau
Haarpinsel 3
2 Plastikschalen
Ponal

---

als Grundmaterial für die Büsche benutzt. Zerschneiden Sie zunächst das Islandmoos in Teile der gewünschten Buschgröße. Dann füllen Sie etwas Ponal in eine Plastikschale und verdünnen es mit Wasser im Verhältnis 1:1. Stellen Sie eine weitere Schale mit feinstem Streumaterial oder – je nach gewünschtem Effekt (Abb. S. 49) – mit feinsten Heki-Dekoflocken bereit.
Tauchen Sie nun die Büsche in das verdünnte Ponal ein und wälzen Sie sie anschließend im Streumaterial oder/und in den Deko-Flocken. Nach dem Trocknen sind Ihre grünen Büsche fertig.

 *Tip: Mit einer ausrangierten elektrischen Kaffeemühle lassen sich Streumaterialien und Deko-Flocken fein mahlen.*

b) Blühende Büsche

Als „Blüten" verwenden wir feinen Sand. Sie finden Sand in geeigneter Korngröße im Heki-Sortiment oder in diversen Pastelltönen als Zubehörartikel für Sandbilder im Hobbygeschäft.

Für leuchtende Blütenfarben färbt man weißen Sand mit entsprechenden Plaka-Farben selbst ein. Geben Sie etwas Farbe in eine Plastikschale und verdünnen Sie sie im Verhältnis 1 : 1 mit Wasser. Schütten Sie nun den Sand in die Plastikschale. Tupfen Sie dann die Büsche in den noch farbfeuchten Sand und lassen Sie anschließend die blühenden Büsche trocknen. Die trocknende Farbe „verklebt" Büsche und Sand. Für Sandblüten ohne Farbbehandlung nehmen Sie, wie oben beschrieben, verdünnten Ponal-Holzleim.

c) Bäume

Unser Schloßpark erhält zum guten Schluß seinen herrlichen alten Baumbestand. Die großen Eichen und Kastanien entstammen dem Heki-Realistic-Sortiment. Auch sie wurden verfeinert.

Der glänzende Plastikstamm erhält eine Rinde aus einer Farbmischung. Aus Plaka-Farben wird zunächst ein graubrauner Farbton gemischt. Vier Teilen Farbe wird ein Teil dufix Leicht und Fertig Füllspachtel untergemischt und gut aufgerührt. Mit dieser Mischung werden die Baumstämme mit einem Pinsel bestrichen. Nach dem Trocknen danken die so behandelten Bäume die kleine Mühe mit matten Stämmen und herrlicher Rindenstruktur. Die Baumkronen können wie die Büsche (siehe oben) verfeinert werden.

Bäume können bei Wartungsarbeiten im Weg stehen, oder Sie möchten vielleicht ein Modul im Wandel der Jahreszeiten darstellen – in beiden Fällen ist es praktisch, die Bäume einfach entfernen und erneut einsetzen zu können. Wir haben unsere Bäume unter der Wurzel mit einem dünnen Drahtstift von 1 mm Durchmesser versehen.

Abb. 42: Materialien zum Basteln von Blumen und Büschen

Um einen Baum so zu präparieren, wird er – Wurzel nach oben – in einen Schraubstock eingespannt. In den Stamm wird mit einer Minicraft-Bohrmaschine und einem 1-mm-Bohrer vorsichtig ein Loch gebohrt. Mit

Materialliste für Bäume verfeinern
Bäume z.B. aus dem Heki-Realistic Sortiment
1 Pack Drahtstifte 20–30 mm lang, 1 mm ⌀
1 Pack feinstes Streumaterial
Plaka-Farbe matt braungrau
dufix Leicht und Fertig Füllspachtel
Pattex Super-Gel Sekundenkleber
Pattex transparent
Ponal

Werkzeug
Mischgefäß für Dufix
Rührstab
Haar-Pinsel 3–4
Minicraft-Kleinbohrmaschine
1-mm-Bohrer
Schraubstock
Seitenschneider

Abb. 43: Nach der Bildvorlage rechts wurden die Modellbäume gestaltet.

Abb. 44: Fertig gestalteter Modellbaum und Materialien zum Baumselbstbau.

einem Seitenschneider wird der Nagelkopf des Drahtstifts abgezwickt. Das abgezwickte Ende wird in das vorgebohrte Loch eingesetzt. Baum und Drahtstift werden mit Pattex Super-Gel-Sekundenkleber miteinander verklebt. Jetzt kann der Baum an jeder beliebigen Stelle des Schloßparks eingesteckt werden.

Möchten Sie die Bäume jedoch auf den Rasen direkt aufkleben, so können wir Pattex transparent als geeigneten Klebstoff empfehlen.

Die Bäume am Schloßcafé entstanden aus Baumbausätzen des Woodland-Sortiments. Der große Baum hinter dem Schloß mit seinem feinen Astwerk aus Kupferdraht gehört zum Sortiment des Kleinserienherstellers Silhouette.

Sie können Bäume aber auch selbst herstellen. Baumbausätze beispielsweise, bei denen Blattwerk oder Nadeln aus speziell imprägnierten, sehr realistisch wirkenden Pflanzenteilen bestehen, liefert die Firma

Haberl und Pabst. Diese Bäume können Sie nach eigenem Geschmack oder auch nach realen Vorbildern zusammenkleben. Geeignete Klebstoffe sind Ponal oder Pritt Alleskleber.

d) Baumselbstbau
nach einer Photovorlage

Der Selbstbau eines Baumes nach einer Fotovorlage ist gar nicht so schwer. Zunächst suchen Sie sich ein geeignetes Bild eines Baumes aus einer Zeitschrift aus oder photographieren selbst einen Baum, der Ihnen gut gefällt.

Abb. 46: Herbst

Abb. 45: Sommer

Abb. 47: Winter

Dann besorgen Sie sich einige trockene Äste und wählen den Ast aus, der in seiner Form dem Stamm des Vorbildes am nächsten kommt. Aus feinster Stahlwolle formen Sie sich eine Baumkrone, die der des Vorbildes in der Form entspricht. Mit Pattex transparent Klebstoff verkleben Sie Stamm und Krone. In einem letzten Schritt wird die Baumkrone mit verdünntem Ponal-Holzleim bestrichen und in einer Schale mit feinem grünem Streumaterial oder feinen Heki-Dekoflocken gewälzt. Nach dem Trocknen

ist Ihr erster Baum in komplettem Eigenbau fertig. Gestalten Sie doch ein Kleinmodul im Wandel der Jahreszeiten. Unsere Bilder wollen Ihnen als Anregung dienen. Die Baumgruppen wurden auf begrünte 30 x 30 cm große Styroporplatten von 3 cm Stärke aufgebaut.
Hellgrünes Blattwerk, ein blühender Obstbaum und frische Triebe (mit Plaka-Farbe aufgemalt) an dem Nadelbaum deuten eine Frühlingslandschaft an. Blattwerk in kräftigem Grün und reife Kirschen (aus rot ein-

---

Materialliste für Baumselbstbau:

1 dünner Ast
1 Pack feinste Stahlwolle
2 Pack Heki-Decoflocken 3396 oder feinstes Streumaterial grün
1 Plastikschale
Pattex transparent
Ponal

---

gefärbtem Sand) am Obstbaum erinnern auch im grauen Winteralltag an verflossene sommerliche Tage. Gelb, rot und braun eingefärbtes Blattwerk bringt der Herbst. Kahle Laubbäume und mit Mehl bestäubte Landschaft zaubern den Winter herbei.

5. Blumen, Obst, Gemüse und andere Details

Detailgestaltung und Ausschmückung des Geländes erfolgen erst, nachdem Wasserspiele probegelaufen und Fußgängerketten eingebaut sind. Zunächst werden die Blumenbeete bepflanzt. Für kleine Blumen nehmen wir wieder Sand. Die Methode ist Ihnen inzwischen bekannt: Plaka-Farbe in eine Plastikschale geben, mit Wasser verdünnen, Sand zugeben, trocknen lassen und auskratzen. Die Beete mit Ponal bestreichen und den Sand aufstreuen.

Die Blumenkübel am Schloßcafé sind kleine Eicheln. Diese haben wir bei einem Spaziergang im Wald gefunden. Bearbeitung: Die Schalen waschen, trocknen lassen, mit braunem Streumaterial und einem Tropfen verdünntem Ponal füllen und wieder trocknen lassen. Die Spitze eines Islandmoosbusches wird abgeschnitten, zunächst in verdünntes Ponal und dann in farbigen Sand getaucht. Den so entstandenen Blumenstock kleben wir in die Nußschale mit Pritt Alleskleber ein. Ihr Blumenkübel ist fertig.

Mit etwas Phantasie werden Sie in der Natur noch viele kleine Dinge entdecken, die sich zur Ausgestaltung Ihrer Szenen herrlich eignen. Hier gleich noch ein paar Tips: Senfkörner, orange eingefärbt, ergeben saftige Apfelsinen. Pfefferkörner werden zu Salatköpfen, und zurechtgeschnittene kleine Äste werden zu Baumstämmen oder Holzstapeln. Größere Blumen und Stauden lassen sich sehr schön aus imprägnierten Pflanzenteilen herstellen. Diese gibt es fertig imprägniert und farbvorbehandelt von Haberl und Pabst.

Das feinziselierte Tor unseres Schloßparks ist ein Messingätzteil des Woodland-Sortiments. Die Stühle und Tische sowie die

---

Materialliste: Stühle und Tische fürs Cafè

je 1 Pack Messingätzplatte Tische und Stühle (Brawa bzw. Skale Link)
1 Plastikfarbe weiß glänzend (Humbrol)
1 Flasche Verdünner (Pinselreiniger)
Haar-Pinsel 3
Minicraft-Kleinbohrmaschine mit Dorn und Trennscheibe
1 Elektronikerzange
1 Pattex Super-Gel Sekundenkleber

Abb. 48: Materialien zur Detailgestaltung: Senf- und Pfefferkörner, Eicheln, eine Messing-ätzplatte für Gartenmöbel

Parkbänke sind Messingätzteile von Brawa bzw. Skale Link. Messingätzteile werden mit einer Minicraft-Kleinbohrmaschine mit Trennscheibe von der Platte getrennt, mit einer Elektronikzange zurechtgebogen, mit glänzenden Humbrol-Plastikfarben bemalt und mit Pattex Super-Gel Sekundenkleber aufgeklebt.

―――――――― Kapitel 6 ――――――――
Individueller Gebäudebau

1. Vorbehandlung von Bausätzen

Eine Stadt erhält ihre unverwechselbare Prägung, ihr „Gesicht", durch ihre Gebäude. Die Innenstadt von Liebstadt mit ihren Geschäften, Banken, dem Bahnhof, der Fabrik und ihren vielen Kiosken und Verkaufsbuden entstand zwar aus handelsüblichen Plastikbausätzen im Maßstab HO. Diese Bausätze wurden jedoch alle farblich vorbehandelt und nach dem Zusammenbau realistisch gealtert. Nahezu alle Gebäude wurden nicht so zusammengebaut, wie sie aus der Schachtel kamen, sondern aufgestockt oder um ein Stockwerk reduziert, mit Anbauten versehen oder es wurden gar Teile aus Plastikbausätzen verschiedener Firmen so kombiniert und zurechtgeschnitten, daß ganz neue Gebäude entstanden. Gerade die Gebäudevariation bietet Gestaltungsmöglichkeiten, die Ihrer Phantasie kaum Grenzen setzen.

Auf eines sollten Sie jedoch unbedingt achten: Daß die Plastikteile dem Maßstab 1:87 entsprechen. Leider werden immer noch Gebäude als zu HO passend angeboten, die eher dem Maßstab 1:120 als 1:87 entsprechen. Als Kaufhilfe hier einige Richtwerte:

Türhöhe ca. 21 mm, Stockwerkshöhe um 24 mm oder größer, Ladenhöhe (Innenstadt) 30–40 mm. Ein Vergleich der Gebäude-Umfeld-Proportionen auf der Bausatzpackung mit solchen der realen Umwelt kann bei der Kaufentscheidung auch sehr hilfreich sein.

Da eingefärbte Plastikteile immer einen gewissen Plastikeffekt behalten, haben wir sämtliche Gebäude verputzt und alle Fenstereinsätze, Türen, Dachkandel, Geländer etc. gestrichen. Diese Farbbehandlung erfolgt im Modell zweckmäßigerweise vor dem Zusammenbau.

Für alle zu verputzenden Flächen haben wir eine ganz besonders realistisch wirkende Mischung aus Plaka-Farben und dufix Leicht und Fertig Füllspachtel zusammengestellt.

Für den Wandanstrich und die Behandlung von Dächern und Backsteinimitationen verwenden wir matte Plaka-Farben von Pelikan, für die Behandlung von Fenstern, Türen, Betonstreben, Dachkandeln und von Ausschmückungsteilen Plastikfarben von Humbrol.

a) Verputzen von Gebäuden

Aus den Plaka-Farben und der dufix-Masse mischen wir den Wandverputz. Zunächst füllen wir die Hälfte der weißen Plaka-Farbe in ein verschließbares Glas. Diese Farbe tönen wir dann durch Untermischen von etwas Plaka-Gelb leicht ab. Benutzen Sie den Farbton, mit dem Sie abtönen, sehr sparsam, da die Farben in getrocknetem Zustand intensiver wirken als im Glas. Machen Sie nun einen Probeanstrich auf der Plastikplatte. Wenn Ihnen der Farbton zusagt, wird der Mischung dufix-Spachtelmasse zugefügt. Auf vier Teile Farbe kommt etwa ein Teil Spachtelmasse. Jetzt gut durchmischen und etwas Wasser hinzugeben, bis die Masse leicht sämig ist. Machen Sie nur einen Probeanstrich. Die Mischung ist richtig, wenn sich die Farbe ohne zu perlen auftragen läßt und sich andererseits die in der dufix-Spachtelmasse enthaltenen kleinen Glaskugeln gleichmäßig auf dem Anstrich verteilen.

Sollte sich die Mischung nicht gleichmäßig auf der Plastikplatte verteilen lassen, mischen Sie einfach einen Teelöffel Plaka-Malmittel bei.

Sie haben nun einen Gebäudeverputz zusammengestellt, der in Farbgebung und Struktur auf Modellwänden einen sehr realistischen Effekt ergibt. Selbstverständlich können Sie Ihren Verputz auch in jeder anderen Farbe anmischen.

Informieren Sie sich bei Ihrem Händler über die Vielzahl der erhältlichen Plaka-Farbtöne.

Farben für Backsteinwände und Dächer können Sie nach der gleichen Methode mischen. Lediglich das Zumischen von dufix entfällt hierbei, da bei diesen Bauteilen kein Verputzeffekt erwünscht wird.

Mischen Sie immer mehr Farbe an, als Sie augenblicklich benötigen, und bewahren Sie die Mischungen in verschließbaren Gläsern auf, damit Sie für spätere Ausbesserungen die entsprechenden Farbtöne zur Verfügung haben. Mischen Sie die Farben vor jedem Gebrauch gut durch, da sich die dufix-Partikel bei längerem Stehen des Gemischs auf dem Glasboden absetzen.

Pinsel können nach Gebrauch mit Wasser ausgewaschen werden.

Abb. 49: Verputzen mit einem „dufix-Plaka-Gemisch"

b) Farbvorbehandlung von Fenstern und Kleinteilen

Hierzu verwenden wir matte Plastikfarben von Humbrol, die es in einer Vielzahl von Farbtönen gibt. Außer den Farben benötigen Sie zur Reinigung der Arbeitsmaterialien noch einen Humbrol-Verdünner, der auch zur Verdünnung angedickter Plastikfarben verwendet werden kann. Diese Farben sind nicht wasserlöslich.

Materialliste

je 1 Glas Plaka weiß, Plaka gelb,
Plaka-Malmittel von Pelikan
1 dufix Leicht und Fertig Füllspachtel
1 verschließbares Glas für die angemischte Farbe
Pinsel der Stärken 3–5
1 Plastikplatte für Anstrichproben
1 dünner Holzstab zum Verrühren der Farben
1 Lappen
1 Glas mit Wasser

2. Gebäudebau aus der Bausatzschachtel

An einem Stadthaus wollen wir zeigen, wie man die Bauteile zusammenfügt. An diesem Modell demonstrieren wir außerdem verschiedenste Kniffe der farblichen Bearbeitung. Gegenüber dem Standard weist unser Modell jedoch einige Besonderheiten auf: Diesem Bausatz sind bewegliche Fenster, eine Ladeninneneinrichtung und eine Ladeninnenbeleuchtung beigefügt.

a) Vorbereitung

Sorgen Sie zunächst für eine ausreichend große Arbeitsfläche. Eine 50 x 100 cm große Sperrholzplatte für Schneidearbeiten ist gut zu gebrauchen. Entscheiden Sie sich, ob und in welchem Umfang Sie eine Farbvorbehandlung, eine Fassadenrenovierung oder beides durchführen wollen. Mit der dem Bausatz beigelegten Bauanleitung und den Bauteilen verschaffen Sie

Materialliste
1 Bausatz Pola 168 „Metzgerei"
1 Faller Expert-Plastikkleber
1 Pritt Alleskleber
1 Profix Spezialkleber Hart-Plastik
Wäscheklammern
Haushaltsgummis
1 Nagelfeile, 1 Nagelschere,
1 Fußnagelschere
1 Bastelmesser
Gaze, Vorhangreste
evtl. div. Farben (vgl. 6.1)
Pinsel
Minicraft-Bohrmaschine mit
Schleifscheibe und Polierscheibe
Revell-Plasto
dufix Leicht und Fertig
Füllspachtel

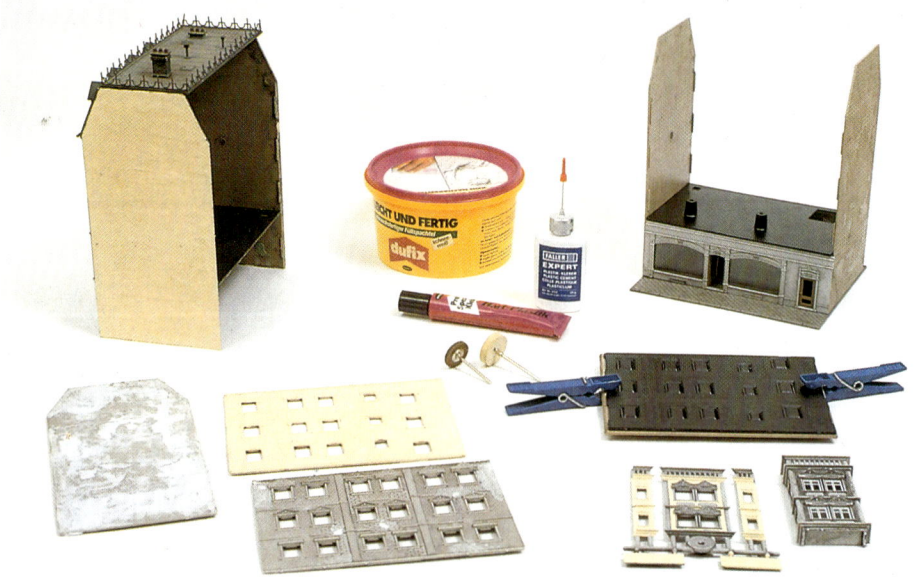

Abb. 50: Gebäudebau: rechts ohne Vorbehandlung; links und Mitte Wandflächen in unterschiedlichen Renovierungsstufen

sich schnell einen allgemeinen Überblick. Kontrollieren Sie nun die Bauteile auf Vollständigkeit.

Tip: Gehen Sie beim Zusammenbau nach Baugruppen vor. Also in die Fassadenwände werden erstmal Fensterkreuze, Fensterverglasung, Gardinen etc. eingesetzt, bevor die Gebäudewände zusammengesetzt werden.

b) Vorbehandlung

Unser Gebäude ist eigentlich der Epoche der 50er Jahre (Modellbahnepoche III) zugeordnet und weist noch typische Schäden aus dem Zweiten Weltkrieg auf (Risse, Granateinschläge, teilweise abgeblätterter Verputz etc.).
In der Fußgängerzone der 80er Jahre sind diese Gebäude in renoviertem Zustand anzutreffen. Folglich haben wir als ersten Bauschritt die Gebäudefassade renoviert.
Zunächst wurden die Granateinschläge und Risse mit Revell-Plasto verspachtelt; die Backsteinstrukturen werden mit einer Minicraft-Bohrmaschine mit Schleifvorsatz vorsichtig abgeschliffen und ebenfalls mit Revell-Plasto glattgespachtelt.
Als Minispachtel dient uns dabei die Breitseite des Bastelmessers. Anschließend wird die Wand mit einer gelben Plakadufix-Mischung verputzt. Für das Streichen der Fensterbrüstungen mit weißer Humbrol-Plastikfarbe nehmen wir einen Pinsel der Größe 1.
Nach dem Trocknen des Anstrichs werden mit dem Bastelmesser evtl. übergelaufene Anstrichreste von sämtlichen Klebefalzen wieder abgekratzt, damit die einzelnen Bauteile fest zusammenkleben.
Nach dieser Vorbehandlung (und der Farbvorbehandlung der anderen Gebäudeteile gemäß 6.1) und nach dem Trocknen der Farben beginnt der eigentliche Zusammenbau.

c) Der Zusammenbau

Das Gebäude wird im wesentlichen nach dem beiliegenden Bauplan zusammengebaut. Hier aber einige zusätzliche praktische Hinweise:

Spritzlinge

Bauteile aus dickem Plastik werden am besten mit einem Fußnagelschneider vom Spritzling entfernt, solche aus dünnem Plastik mit der Nagelschere oder dem Bastelmesser. Anschließend werden die Angußstellen der Bauteile mit Bastelmesser und Nagelfeile entgratet und gesäubert.
Entfernen Sie immer nur jene Teile vom Spritzling, die Sie für Ihre Baugruppe gerade benötigen.

Fenster

Erst festlegen, in welche Fensteröffnungen die offenen Fenster eingesetzt werden, sodann die geschlossenen Fenstereinsätze in die anderen Fensteröffnungen einkleben. Beiliegende durchsichtige Plastikfolie zurechtschneiden und hinter die Fenstereinsätze kleben. Dann Glaseinsätze der offenen Fenster vom Spritzling lösen und mit wenig Faller-expert-Klebstoff in die Fensterrahmen der offenen Fenster einkleben. Nach dem Trocknen des Klebstoffes die Fensterflügel mit einer Nagelschere vom Spritzling lösen, in die vorgesehenen Öffnungen der Gebäudewand einlegen und mit Klebstoff fixieren.

Gardinen

Besonders realistisch wirken Gardinen aus Gaze oder Vorhangresten. Diese werden etwas größer als das jeweilige Fenster zurechtgeschnitten und von hinten auf die Plastikwand geklebt.

Lichtmaske
(schwarze Plastikteile)
Öffnen Sie nur solche Fenster, die später beleuchtet sein sollen, bzw. die hinter geöffneten Fenstereinsätzen liegen. Vergrößern Sie den Maskenausschnitt gegebenenfalls mit dem Bastelmesser (auspro-

Abb. 51: Von links nach rechts: unbehandeltes Gebäude – renoviertes Gebäude – renoviertes gealtertes Gebäude – Gebäudevariation

bieren). Beim Vorbild sind nachts auch meist nur ein paar Fenster beleuchtet (festliche „Schloßbeleuchtung" nur beim Schloß).

Zum Ankleben der Lichtmaske eignet sich am besten ein dickflüssiger Tubenklebstoff, z. B. Profix Spezialkleber Hart-Plastik von Henkel. Fassade und Lichtmaske pressen wir während des Austrocknens des Klebstoffes mit Wäscheklammern aneinander.

Ladendecke
(schwarze Zwischendecke)
Wenn Sie die oberen Stockwerke des Gebäudes beleuchten wollen, müssen Sie die rechteckige Kabelöffnung auf ca. 2 x 2 cm vergrößern.

Inneneinrichtung
Die bedruckte Imitation der Ladenwände wird vor dem endgültigen Zusammenbau des Gebäudes mit einer Haushaltsschere ausgeschnitten, mit Pritt Alleskleber aufgeklebt und mit bemalten Accessoires (matte Humbrol-Plastikfarbe) ausstaffiert.

Grundplatte
Entgegen der Bauanleitung sollten Sie das Gebäude nicht mit Plastikkleber, sondern mit doppelseitigem Klebeband von Roco mit der Grundplatte verbinden, da sie sonst den ab und zu erforderlichen Birnchenwechsel der Ladeninnenbeleuchtung nicht durchführen können.

Sie können die Grundplatte auch ganz weglassen und die Inneneinrichtung auf einer entsprechend zurechtgesägten Plastikplatte montieren. Diese wird dann am vorgesehenen Gebäudestandort festgeklebt. Das Gebäude wird anschließend übergestülpt und kann zu Wartungszwekken einfach abgehoben werden.

Zusammenbau der Seitenwände
Sie werden nach Bauanleitung auf der Grundplatte zusammengestellt, untereinander verklebt und während des Austrocknens des Klebstoffes mit Haushaltsgummis fixiert.

3. Nachbehandlung von Gebäuden – Alterung

Nachdem unser Gebäude fertiggestellt ist, erhält es durch die Nachbehandlung den letzten Schliff.

Zunächst werden die Klebekanten der Plastikteile – insbesondere an den Gebäudekanten – mit Revell-Plasto verfugt und, nach dem Trocknen der Spachtelmasse, mit der entsprechenden Gebäudefarbe überstrichen.

Jetzt erfolgt die Gebäudealterung. Realgebäude sind Witterungs- und Umwelteinflüssen ausgesetzt. Diese hinterlassen ihre Spuren und machen sich sogar bei Neubauten bemerkbar. Staub setzt sich auf Dächern und im Mauerwerk ab und wird vom Regen in Ritzen und Ecken geschwemmt. An der Seite der Fensterbänke herunterlaufendes Wasser hinterläßt dunkle Spuren. Der Straßenverkehr sorgt dafür, daß Gebäude an den unteren Etagen stärker verschmutzen.

a) Naßalterung

Regenspuren und allgemeine Schmutzablagerungen in jeder gewünschten Stärke lassen sich auf Gebäudewänden und an Dächern mit stark verdünnter Plastikfarbe recht einfach nachbilden.

Sie füllen ein Farbglas von 40 ml zur Hälfte mit Humbrol-Verdünner und geben einen Pinsel (Stärke 1) voll schmutziggraue Humbrol-Plastikfarbe matt hinzu. Mit dieser Mischung bestreichen Sie ihre farbvorbehandelte Hauswand. Nach dem Trocknen der Mischung ist das Haus von einem ganz leichten Grauschleier überzogen. Für Backsteinfugen oder für die Nachbildung stark verschmutzter Stellen wiederholen Sie dieses Verfahren mehrmals. Zur Nachbildung vermooster Fugen wird der Mischung schmutziggrüne Humbrol-Plastikfarbe matt zugesetzt.

Abb. 52: Materialien zur Trocken- und Naßalterung; unbehandeltes und behandeltes Gebäude im Vergleich

Abb. 53: „dufix-Plaka-verputzter" und naß-gealterter Bausatz

Materialliste
Revell-Plasto (Spachtelmasse) Humbrol-Verdünner und -Plastikfarbe matt Pinsel, Glas Bleistift, diverse Stäube

Bei nicht farbvorbehandelten Plastikflächen führt dieses Verfahren zu einem Ausbleichen des Kunststoffes. Übersprühen mit farblosem Mattlack bringt zwar die alten Farbtöne zurück, gibt aber einen seidenmatten Glanzeffekt und mattiert zudem die Fenstergläser.

Tip: *Die Mattfarben müssen vor Zugabe des Verdünners sehr gut durchmischt sein, da sie sonst glänzend auftrocknen (auch hier ist es ratsam, vorher ein bißchen zu probieren).*

b) Trockenalterung

Mit Bleistift und Stäuben lassen sich zusätzliche Alterungseffekte erzielen.

An plaka-vorbehandelten Gebäuden lassen sich Regenriefen an Fenstersimsen durch einfache Bleistiftstriche naturgetreu nachbilden. Durch gezielten Auftrag unterschiedlicher Stäube von Graphitpuder über Braunstaub bis hin zu Kaloformium (erhältlich in guten Hobbygeschäften) lassen sich feinste Schattierungen erlangen. Diese Stäube werden mit einem trockenen Pinsel auf die trockene Hauswand aufgetupft und dann abgeblasen. Die feinverteilten Partikel wirken wie echte Verschmutzungen. Eingerieben in Straße und Bürgersteig ergeben sie täuschend echt wirkende Verunreinigungen.

4. Innengestaltung von Gebäuden

Nette Kleinbasteleien, die Ihren Gebäuden den letzten Schliff geben, sind Nachbildungen eingerichteter Zimmer, Läden, Büroräume oder Ausstellungshallen. Die Gestaltungsmöglichkeiten sind vielfältig. Lassen Sie z.B. ein Gebäude am Anlagenrand offen enden, wie wir es bei unserer Kunsthalle machten, oder gruppieren Sie einige Preiser-Figuren als Schaufensterpuppen in der Auslage Ihres HO-Textilhauses, modellieren Sie winzige Kaffeepakete aus Fimo-Modelliermasse oder gestalten Sie eine Büroetage in Ihrem Miniaturhochhaus.

Mobiliar für Ihre Miniwelt gibt es von Pola (vom Friseurstuhl bis zum Ehebett) und Kibri (vom Aktenschrank bis zum Computerterminal).

Selbstverständlich können Sie auch vieles, wie oben schon angedeutet, selbst basteln. So wurden z.B. die Kaffeetassen und Kannen in unserem Kaffeehaus aus Fimo-Modelliermasse geformt und anschließend im Backofen gebrannt.

Die Wände unserer Läden haben wir mit passenden Prospektausschnitten oder Fotos von Ladeninneneinrichtungen beklebt. Theken und Registrierkassen sind von Pola, die Böden meist aus passend zurechtgeschnittener und anschließend mit Buntpapier beklebter Pappe. Als Einkaufswagen im Heimwerkermarkt dienen Kofferkulis von Preiser, und ein schöner Blumenstock in der Ladenecke entsteht aus einem abgeschnittenen Spritzling (als Blumentopf), aus dem eine Blume aus bearbeiteten Schaumstoffflocken wächst. Die Büroräume sind mit matter Humbrol-Plastikfarbe gestrichene ehemalige Deckel von Preiser-Figurenkästchen. Sie sind eingerichtet mit Kibri-Büromöbeln.

Vor dem endgültigen Zusammenbau dieses Vollmer-Stadthauses wurden die Kästen hinter die entsprechenden Fenster geklebt.

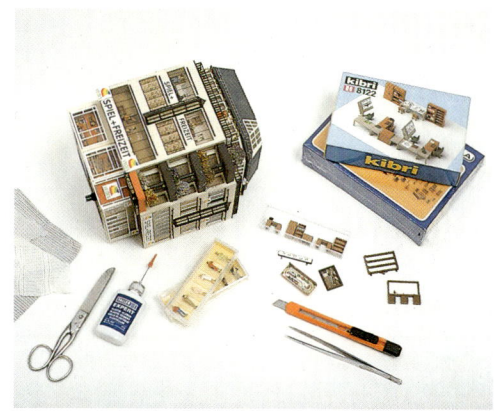

Abb. 54: Materialien zur Inneneinrichtung; im Gebäude wurden Büros eingerichtet.

5. Gebäudevariation – ein prinzipielles Beispiel

Am Rande der Fußgängerzone unserer Stadt steht ein besonders schönes Gründerstilhaus. Dafür haben wir uns den Kibri-Bausatz B 8280 gleich zweimal besorgt. Dann haben wir den Bausatz variiert. Wir fügten einfach ein zusätzliches Stockwerk hinzu. Die im folgenden genannten Bauteilnummern finden Sie in den Bauplänen Ihrer Bausätze wieder.

Im ersten Bauschritt wird ein Bausatz mit ein paar kleinen, aber wesentlichen Abweichungen zum Originalbauplan zusammengebaut. Im zweiten Schritt werden die benötigten Bauteile aus dem zweiten Bausatz zurechtgeschnitten und für den Einbau vorbereitet. Im dritten Schritt schließlich wird das Gebäude zusammengesetzt.

werden jedoch weder mit der Bodenplatte 981 noch mit der Erdgeschoßvorderfront R 982 – R 983 f. verklebt. Beide Baugruppen werden lediglich mit zwei Haushaltsgummis vorläufig aneinandergepreßt. Dann werden die in Bauplan 2 skizzierten Baugruppen gemäß Plan zusammengefügt und mit der Baugruppe R 990 – R 993 (Seiten- und Rückwände) verklebt.

Auf gar keinen Fall dürfen die in Bauplan 2 skizzierten Baugruppen (Vorderfront vom 1. Obergeschoß und Dachgeschoß) mit der Erdgeschoßvorderfront R 982 – R 983 f. verklebt werden. Schließlich wird das Dach gemäß Bauplan 3 zusammengebaut und auf das Gebäude gesetzt, jedoch noch nicht mit dem Gebäude verklebt.

a) Erster Schritt

Die im Kibri-Bauplan 1 skizzierten Baugruppen werden nach Plan zusammengeklebt. Die Seiten- und Rückwände R 990 – R 993

b) Zweiter Schritt

Jetzt werden die Teile für das weitere Obergeschoß aus dem zweiten Bausatz entnommen und zurechtgesägt.

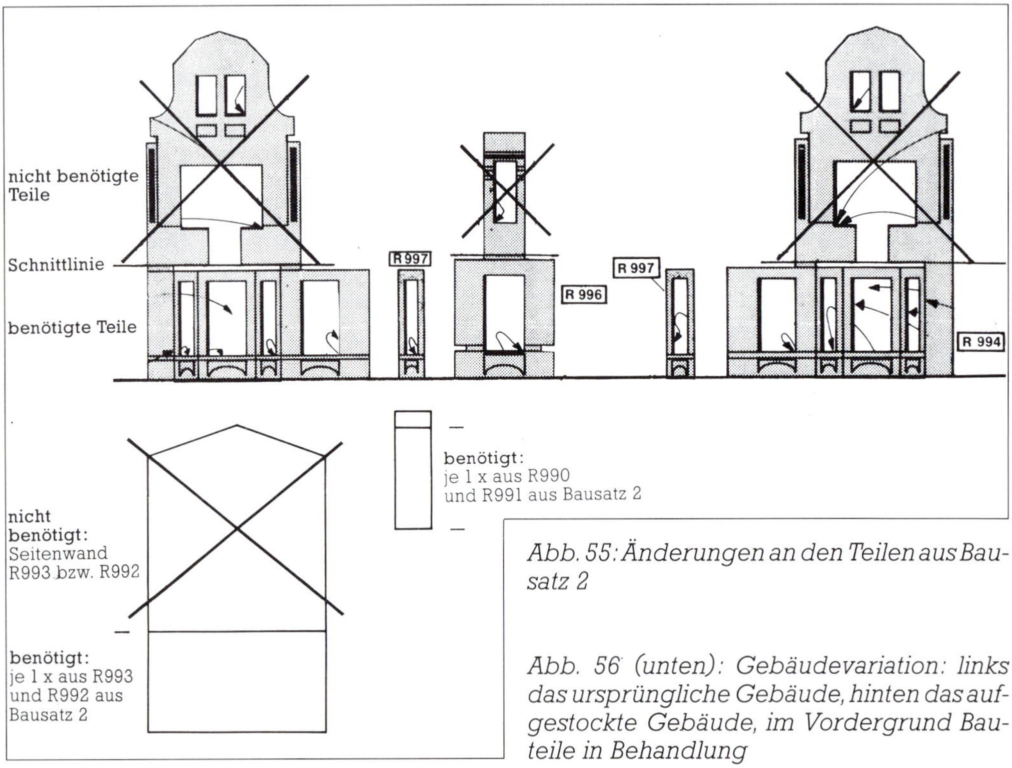
nicht benötigte Teile
Schnittlinie
benötigte Teile
R 997
R 996
R 997
R 994
nicht benötigt:
Seitenwand
R993 bzw. R992
benötigt:
je 1 x aus R993
und R992 aus
Bausatz 2
benötigt:
je 1 x aus R990
und R991 aus Bausatz 2

Abb. 55: Änderungen an den Teilen aus Bausatz 2

Abb. 56 (unten): Gebäudevariation: links das ursprüngliche Gebäude, hinten das aufgestockte Gebäude, im Vordergrund Bauteile in Behandlung

FALLER
EXPERT
PLASTO
Hart-Plastik

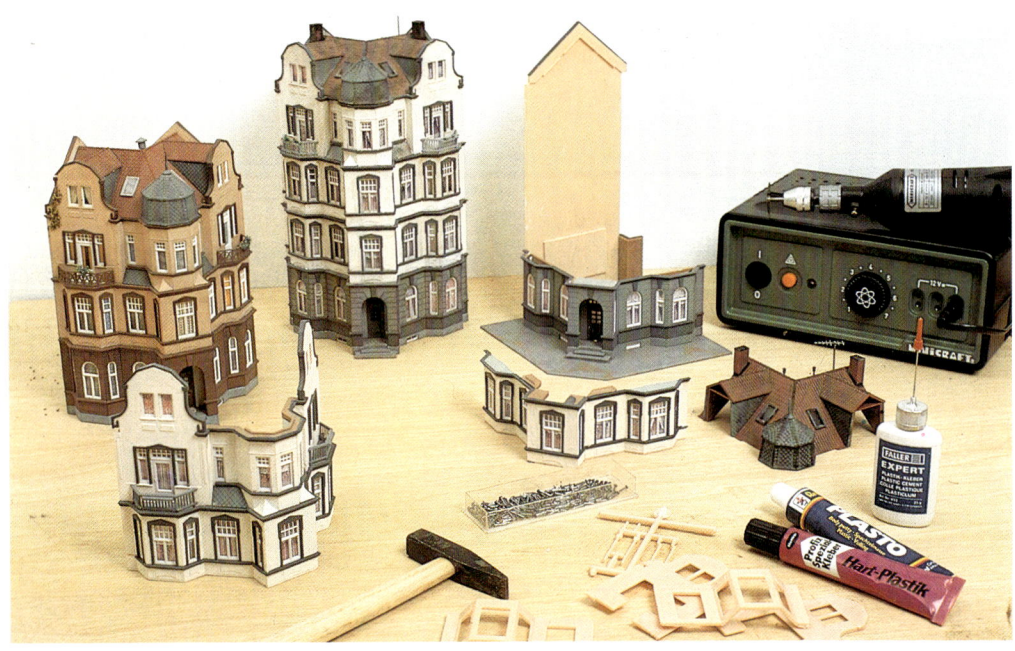

Materialliste

1 Sperrholzplatte 50 x 50 x 1 cm
1 Pack Stahlstifte 10 mm lang
2 x Kibri B 8280
1 Plastikplatte
1 Faller Expert-Plastikkleber
1 Revell-Plasto (Spachtelmasse)
Utensilien zum Gebäudebau (vgl. 6.2)
evtl. Farben zur Gebäudevorbehandlung und Alterung (vgl. 6.1 und 6.3)
Minicraft-Bohrmaschine mit kleinem Sägeblatt, Dorn und Schleifscheibe
2 Spannzangen
1 Hammer

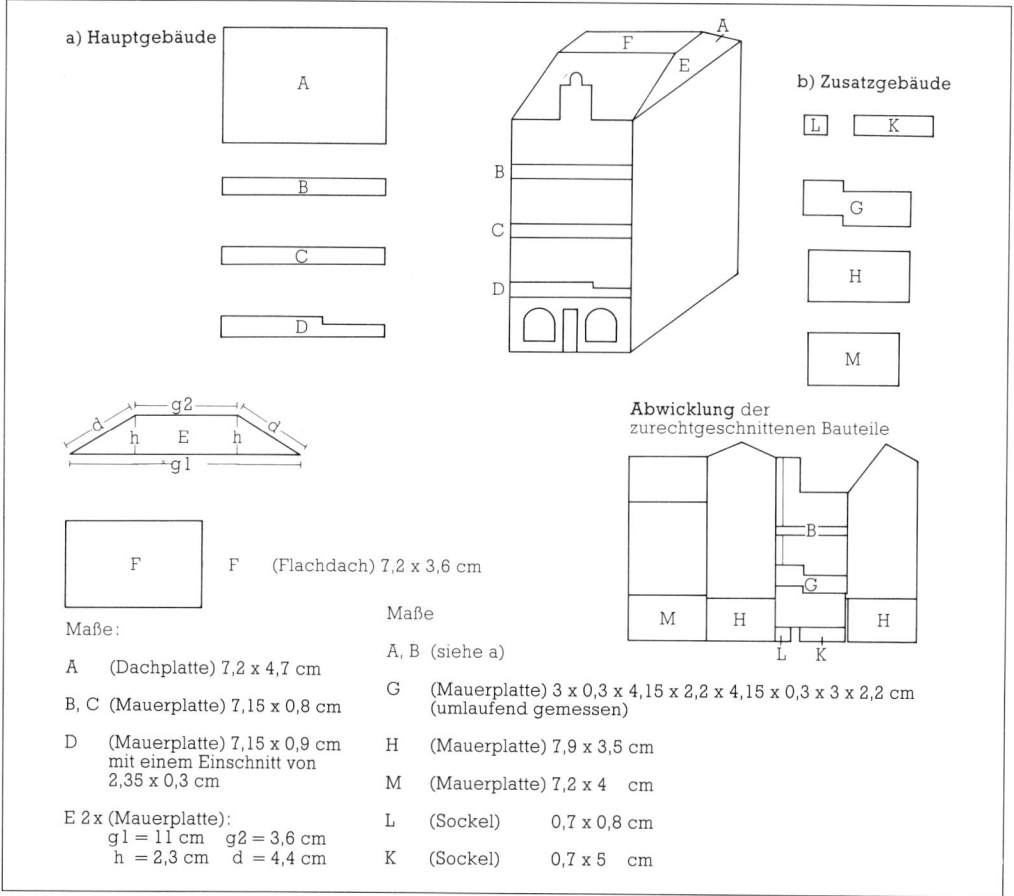

a) Hauptgebäude

b) Zusatzgebäude

Abwicklung der
zurechtgeschnittenen Bauteile

F   (Flachdach) 7,2 x 3,6 cm

Maße:

A   (Dachplatte) 7,2 x 4,7 cm

B, C (Mauerplatte) 7,15 x 0,8 cm

D   (Mauerplatte) 7,15 x 0,9 cm
    mit einem Einschnitt von
    2,35 x 0,3 cm

E 2 x (Mauerplatte):
    g 1 = 11 cm   g 2 = 3,6 cm
    h = 2,3 cm   d = 4,4 cm

Maße

A, B (siehe a)

G   (Mauerplatte) 3 x 0,3 x 4,15 x 2,2 x 4,15 x 0,3 x 3 x 2,2 cm
    (umlaufend gemessen)

H   (Mauerplatte) 7,9 x 3,5 cm

M   (Mauerplatte) 7,2 x 4 cm

L   (Sockel)   0,7 x 0,8 cm

K   (Sockel)   0,7 x 5 cm

Abb. 57: Teile, die für die beiden beschriebenen Umbauten zurechtgeschnitten werden müssen

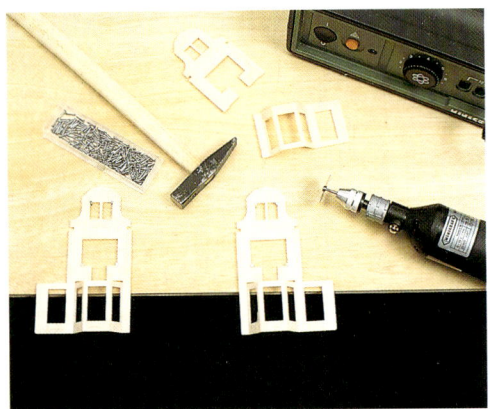

Abb. 58: Zurechtschneiden der aufgenagelten Bauteile

Zunächst wird die Bohrmaschine vorbereitet: Der Dorn wird eingespannt und das kleine Sägeblatt auf den Dorn aufgeschraubt. Dann wird die Sperrholzplatte auf Ihre Arbeitsplatte aufgelegt und mit den Schraubzwingen fixiert. Auf der Sperrholzplatte können Sie ihr Werkstück mit den Nägeln befestigen (siehe Abb. 56) und anschließend zurechtsägen. Probieren Sie das Zersägen von Plastik zunächst an der Plastikplatte aus.

Entnehmen Sie nun dem zweiten Bausatz die Teile R 995 – R 997 (Bauplan 2), und sägen Sie gemäß Skizze die Giebel ab. Sie brauchen ja nur die Teile für das erste Obergeschoß. Statten Sie diese Teile nach dem Planschleifen der Schnittkante mit Fenstern etc. gemäß Bauplan 2 sowie den Gesimsen S 156, S 157, S 158 gemäß Bauplan 3 aus.

Von den Seitenwänden R 990 – R 993 aus Bausatz 2 sägen Sie sodann jeweils einen Streifen der in der Skizze angegebenen Höhe ab.

c) Dritter Schritt

Nun erfolgt der endgültige Zusammenbau Ihres Stadthauses. Zerlegen Sie dazu zunächst das aus Bausatz 1 gebaute Haus in seine drei Baugruppen. Kleben sie anschließend das erste Obergeschoß aus Bausatz 2 auf die Erdgeschoßvorderfront aus Bausatz 1. Dann werden die ausgesägten Seitenwandteile aus Bausatz 2 an die Grundplatte R 981 angeklebt. Schließlich wird das komplette Oberteil aus Bausatz 1 aufgesetzt und mit dem um ein Geschoß erhöhten Unterteil verklebt. Nun kann die Feinausstattung erfolgen.

6. Abgeändertes Gebäude – das Kaffeegeschäft

Eine besonders interessante Gebäudevariation haben wir uns für den Abschluß dieses Kapitels vorbehalten: Eine Kombination aus Gebäuden zweier Hersteller, die zugleich demonstriert, wie unmaßstäbliche Gebäude gestreckt werden können, um zu maßstäblichen Häusern zu passen.

Gebäuderückseiten und die Geschäfte mit Inneneinrichtung stammen von maßstäblichen Pola-US-Häusern, während die Vorderfronten ab erstem Obergeschoß dem – leider maßstabreduzierten – Faller-Bausatz „Mittelstadt" entnommen wurden. Die Faller-Fronten wurden auseinandergesägt und durch Einfügen von Plastikstreifen mit Bruchsteinimitation gestreckt.

Da die Ausgangsgebäude zufällig die gleiche Breite haben, gestaltet sich der Umbau recht einfach. Die genauen Maße der zurechtzusägenden Teile entnehmen Sie bitte der Skizze.

a) Baubeschreibung

Zunächst wird das Erdgeschoß des Pola-Bausatzes 170 mit dem Laden, den Seitenwänden und der Rückfront nach Plan zu-

Abb. 59: Mitte: Gebäudeblock aus variierten Gebäuden: links Ursprungsgebäude – im Vordergrund Bauteile: variierte Faller-Front; Pola-Teile

sammengebaut. Die Grundplatte wird nicht angeklebt. Anstelle der Pola-Vorderfront wird die veränderte Faller-Front 2/3 aus dem Bausatz 926 zum Einbau vorbereitet. Diese Front wird an den drei in der Skizze markierten Stellen horizontal durchgesägt. Dann werden die drei Geschosse gemäß Punkt A der Faller-Bauanleitung ausgestattet. Aus der Vollmer-Mauerplatte werden die Streifen (B, C, D) entsprechend der Skizze ausgesägt. Jetzt können die Faller-Obergeschosse in die Vorderfront des

Materialliste
1 Pola B 170, 1 Pola B 171   1 Faller B 926   „Stadthaus Mittelstadt"   2 Vollmer-Mauerplatten   2 Vollmer-Dachplatten „Ziegel"   Utensilien und Werkzeuge   gemäß 6.5

Pola-Gebäudes in folgender Reihenfolge eingeklebt werden: drittes OG bündig mit der Oberkante der Seitenwand, dann Streifen (B), zweites OG, Streifen (C), erstes OG, und schließlich Streifen (A).

Anschließend erfolgt die Dachmontage. Dazu werden aus der Vollmer-Mauerplatte zwei trapezförmige Aufsätze (E) für die Seitenwände ausgesägt und mit je einem Verstärkungsstreifen (0) aufgeklebt (siehe Skizze S. 63). Das Faller-Dach 4/1 mit den Giebelteilen 2/10, 2/11 und 4/4 wird hinter der Mansarde der Vorderfront montiert; aus der Vollmer-Dachplatte wird das rückseitige Ziegeldach (A) gemäß Skizze ausgesägt und aufgeklebt. Als letztes Teil wird das zurechtgesägte Pola-Flachdach (F) eingefügt.

Da in diesem Faller-Bausatz sämtliche Teile zweimal vorhanden sind und der Pola-Bausatz 171 in den Grundmaßen mit dem Pola-Bausatz 170 übereinstimmt, erfolgt der Bau des zweiten Geschäftshauses analog. Aus

Abb. 60: Zurechtgeschnittene Bauteile: oben – ohne Pola-Teile vom Hauptgebäude; unten, komplett, vom Zusatzgebäude

den restlichen Pola-Teilen und dem zweiten Gebäude des Faller-Bausatzes lassen sich zwei weitere Stadthäuser errichten. Eine Möglichkeit unter vielen soll hier abschließend kurz skizziert werden:

b) Sägearbeiten
   (Zusatzgebäude)

- Faller Gebäudewand 2/4 einmal zersägen
- Streifen (B) und (G) aussägen
- Sockel (L, K) aussägen
- Seitenwand 2/1 und 2/2 sowie zwei Seitenwandverlängerungen (H) gemäß Skizze zurechtsägen
- Dachteil (A) aus der Dachplatte aussägen
- Erdgeschoßrückwand (M) aussägen

c) Bauschritte
   (Zusatzgebäude)

- Seitenwände verlängern mit Seitenwandverlängerungen (H)
- Faller-Gebäudewand 2/4 (Oberteil) mit den Seitenwänden verkleben
- Streifen (B), Gebäudewand 2/4 (Unterteil), Streifen (G), Faller EG 1/3 Sockel (L, K) in dieser Reihenfolge vorbereiten und unter Gebäudewandoberteil 2/4 kleben
- Vorderwand aus Pola-Bausatz 170 (171) vorbereiten und mit Seitenwand 2/1 und 2/2 verkleben. Rückwanderdgeschoß (M) einkleben
- Faller-Dach 4/3 und 4/2 mit Zubehör gemäß Faller-Bauplan anbringen
- Dachplatte (11) aufkleben
- Und schließlich: Ausschmücken nicht vergessen!

Kapitel 7

Elektrische Versorgung und Beleuchtung

Zunächst ein paar Anmerkungen zur Bedeutung von elektrischen Maßeinheiten: sie tragen unter anderem auch zum besseren Verständnis der Beipackzettel und anderer Modellbahnartikel dieses Bereichs bei.

Zum Grundwissen gehört, daß es Wechsel- und Gleichstrom gibt und daß Strom immer zwischen zwei elektrischen Leitern fließt, sobald ein Stromverbraucher zwischengeschaltet ist und die beiden Leitungen an eine Stromquelle angeschlossen sind. Fehlt der Stromverbraucher, entsteht ein Kurzschluß. Der Stromerzeuger, das Elektrizitätswerk oder auch eine Batterie, stellt – stark vereinfacht – zwischen den beiden Stromleitern ein unterschiedliches elektrisches Potential her. Elektrische Ladungen fließen vom höheren Potential (dem Pluspol) zum niedrigeren Potential (dem Minuspol), sobald zwischen beiden Leitern ein Verbraucher, eine Glühbirne etwa, zwischengeschaltet ist. Die Höhe der Potentialdifferenz (vergleichbar mit der Fallhöhe eines Wasserfalls) wird in Volt gemessen, die Anzahl der Ladungen, die gleichzeitig „fallen" (vergleichbar mit der Dicke des Wasserstrahls) in Ampere und die mögliche Leistung (Volt = V mal Ampere = A) in Watt.

Jeder Verbraucher, sogar die Stromleitung, setzt den Ladungen einen bestimmten Widerstand entgegen (vergleichbar mit einem Wasserrad, das das Wasser abbremst). Dieser Widerstand wird in Ohm (Ω) gemessen. Stromleitungen setzen den Ladungen beim Durchfluß unter anderem Reibungswiderstand entgegen. Dabei wird Wärme frei. Ist die Leitung entsprechend dünn, fängt sie zu glühen an. So funktioniert zum Beispiel die Glühbirne.

Fließende elektrische Ladungen entwickeln auch ein Magnetfeld, dessen Stärke als magnetische Feldstärke bezeichnet wird. Diese wird zum Betreiben der Motoren und Weichenspulen ausgenutzt.

Transformatoren funktionieren nach dem Prinzip elektromagnetischer Induktion.

Wechselstrom, wie er aus unseren Steckdosen kommt, wechselt fünfzigmal pro Sekunde seine Flußrichtung (= eine Wechselstromfrequenz von 50 Hz). D.h., Wechselstrom schwillt ständig an und ab und fließt abwechselnd von Pol 1 nach Pol 2 und von Pol 2 nach Pol 1.

Gleichstrom dagegen fließt immer in eine Richtung, d.h. entweder von Pol 1 nach Pol 2 oder von Pol 2 nach Pol 1, vom höheren Potential ausgehend.

Doch verlassen wir nun die Schulbank und setzen wir uns wieder auf den Bastelhocker.

1. Montage von Beleuchtungskörpern

Straßenlampen, Gebäudeinnenbeleuchtungen, Schaufensterbeleuchtung bei Ladengeschäften, Leuchtreklamen, eventuell sogar mit Lauflichtsteuerung, Ampelanlagen und die Motoren der bewegten Systeme, sie alle wollen montiert, an Sammelleitungen angeschlossen und mit dem notwendigen Strom versorgt werden.

Wie wir die unterschiedlichsten Stromverbraucher auf unserer Anlage montiert und mit dem „Saft" versorgt haben, erfahren Sie in dem folgenden Abschnitt.

Materialliste für eine Straßenlaterne (F)
Straßenlaterne mit Stecksockel (Herkat)
Werkzeug
Bleistift Bastelmesser Bohrmaschine mit 4-mm-Bohrer Pritt Alleskleber

a) Montage von Straßenlaternen

In der Fußgängerzone wurden Straßenlampen mit Stecksockel der Firma Herkat montiert. Ihre Position geht aus der Planskizze in Kapitel 5 hervor. Die Stecksockel wurden in der Styroporschicht versenkt. Bauschritte

● Anzeichnen der Lampenposition (mit Bleistift einen Kreis um den Lampenfuß an der gewünschten Einbaustelle ziehen)

● Mit dem Bastelmesser die Straßenfolie innerhalb des Bleistiftkreises kreuzförmig aufschlitzen

Abb. 61: Beleuchtungsmontage in der Fußgängerzone: Gebäude mit Stecker, Lampe mit Stecksockel usw. – vorn Fläche für die Fußgängerketten

- In diese Öffnung mit einem Schraubenzieher hineinfahren und den von dem Stecksockel benötigten Platz aushebeln
- Die Grundplatte mit einer Bohrmaschine durchbohren; dazu wird in das Bohrfutter der Maschine ein 4-mm-Bohrer eingespannt
- Kabel durch die Bohrung durchführen und Stecksockel mit Pritt Alleskleber mit der Pflasteroberfläche und der Styroporunterlage verkleben
- Lampe probeweise in den Stecksockel einsetzen und gegebenenfalls so justieren, daß der Lampenmast senkrecht zur Straßenoberfläche steht

b) Prunkleuchten im Schloßpark

Die prachtvollen Messingleuchten von Brawa hinter dem oberen Wasserbecken der Wasserspiele werden, nachdem die Bohrung und Kabeldurchführung zu Plattenunterseite erfolgt ist, mit Pattex transparent auf den Sandweg aufgeklebt. Die Klebekante wird anschließend mit etwas Sand kaschiert.

c) Innenbeleuchtung von Gebäuden

Um bei Gebäudeinnenbeleuchtungen den von Zeit zu Zeit notwendigen Birnchenwechsel durchführen zu können, müssen die Beleuchtungskörper der Innenbeleuchtung so angebracht werden, daß sie nach Fertigstellung der Anlage jederzeit zugänglich sind. Um dieser Forderung nachkommen zu können, haben wir sämtliche Gebäude auf die Anlage lediglich aufgesetzt, aber nicht fest mit ihr verbunden. Die Innenbeleuchtung von Gebäuden wirkt am natürlichsten, wenn das Licht von oben einfällt, d.h., wenn die Birnchen der Innenbeleuchtung sich möglichst unter dem Dach befinden. Auch dazu gibt es vorgefertigte Teile: Gebäudeinnenbeleuchtungen von der Firma Brawa (siehe Bild S. 68).

Diese Beleuchtungen werden wie Straßenlaternen montiert. Alternativ können Sie auch Birnchen mit Sockel (z. B. Faller 525) an den Sockelenden mit Pattex transparent an einer Gebäudeinnenwand in Dachfirstnähe festkleben. Die Verkabelung erfolgt dann wie bei den Soffitten der Schaufensterbeleuchtung oder den Gebäuden mit Ladendeckenbeleuchtung.

d) Schaufenster- und Ladendeckenbeleuchtung

Hierbei sind die Beleuchtungskörper fest mit dem entsprechenden Gebäude verbunden, deshalb ist für die Stromzuführung eine Steckverbindung einzubauen. Dafür dient entweder ein Lüsterklemmenstecker oder ein 3poliger Ministecker aus dem Roco-Steckverbindersystem.
Der Einbau der Beleuchtung erfolgt bei der Ladendeckenbeleuchtung von Pola nach Bauplan. Schaufenstersoffitten von Schneider, mit denen sich eine äußerst realistisch wirkende Schaufensterbeleuchtung erzielen läßt, werden mit Plastikresten so am Gebäude angeklebt, daß die Soffitten die Schaufenster von oben beleuchten. Ein geeigneter Klebstoff ist Pattex transparent. Falls die freien Kabelenden nicht schon vom Hersteller verzinnt worden sind, werden sie nach dem Abisolieren in Lötfett eingetaucht. Mit einem heißen Lötkolben, mit dem man vorher einen Tropfen Elektroniklot von der Zinnspule abgeschmolzen hat, verzinnt man sie dann.
In die Grundplatte wird mit einem 4-mm-Bohrer ein Loch gebohrt.
Selbst wenn nur zwei Adern benötigt werden, arbeiten wir wegen der einfach zu montierenden Steckverbinder mit 3-adrigem Roco-Flachbandkabel. Von diesen versehen wir ein ca. 20 cm langes Stück mit dem 3-poligen Roco-Flachkabelstecker. Unsere Beleuchtung wird an den entsprechenden Roco-Buchsen fixiert, und das freie Kabelende wird durch die Bohrung gesteckt.

Leuchtreklameneinbau

Handelsübliche Leuchtreklamen von Brawa oder Busch bestehen aus Leuchtdioden, einer einstellbaren Lauflichtschaltung und der darin integrierten Spannungsreduzierung und Umformung von 12–16 V ~ auf 2,5 V =. Dieser Elektronikbaustein wird sinnvollerweise in dem entsprechenden Gebäude befestigt, da ansonsten erst mehrere Kabel für eine einzige Leuchtreklame zur Grundplattenunterseite geführt werden müßten.

● Je vier Leuchtdioden werden entsprechend der Abbildung mit Pattex transparent unter eine Seite des Eckbalkons geklebt
● Die Kabel werden in das Gebäude geführt und dort mit der Elektronik verbunden
● Probelauf der Leuchtreklame
● Die Elektronik wird mit Pattex transparent von innen an eine Gebäudeseitenwand angeklebt. Die beiden Stromzuführungskabel werden mit einem Stecker versehen, wie oben beschrieben

2. Stromversorgung der Module und der Gesamtanlage

Die Kabel der einzelnen Stromverbraucher werden an der Grundplattenunterseite gruppenweise zusammengefaßt und mit Flachbandkabel zum Stellpult mit den Transformatoren und Schaltern weitergeleitet. Eine übersichtliche und zweckentsprechende Zusammenfassung der einzelnen Kabelanschlüsse auf der Modulunterseite ist für einen ordnungsgemäßen Betrieb unerläßlich.

Unsere Abbildung (S. 71) zeigt ein beispielhaft verdrahtetes Modul. Die einzelnen Stromverbraucher sind wie folgt zusammengefaßt: Gemeinsame Masse für den Beleuchtungsstrom, Gebäudebeleuchtung (Pluspol), Straßenbeleuchtung (Pluspol), Ladeninnen- und Schaufensterbeleuchtung (Pluspol), Leuchtreklame (Plus- und Minuspol), je Motor der bewegten Systeme ein Plus- und ein Minuspol. Die einzelnen Verbraucher der Beleuchtungsströme sind an Sammelschienen aus selbstklebender verzinnter Kupferfolie von Hobbytime angelötet. Sammelschienen und Motoren sind mit einer Lüsterklemmenleiste verbunden. Diese ist ihrerseits durch ein Anschlußkabel mit dem Flachbandkabelsystem verbunden, dessen Anschlußbelegung für die gesamte Anlage normiert wurde.

Für diese Verkabelung verwendeten wir das Flachbandkabelsystem der Firma Herkat. Kabel und Stecker dieses Systems gibt es in 6- und 18poliger Ausführung. Je ein Kabel ist schwarz, die anderen sind grün. Die Verbindungsstecker haben wir mit Gripzangen aus dem Sortiment des Conrad-Versandes aufgepreßt.

a) Die Beleuchtungsmatrix

Je sechs Kabel haben wir der Stromzuführung von normalem Beleuchtungsstrom, der Vorschaltelektronik von Leuchtdioden (LEDs) sowie der Ansteuerung der Motoren unserer bewegten Systeme vorbehalten.

Zu jedem Modul führt ein separates 6poliges Flachbandkabel (für Module, die nur Beleuchtungsstrom erhalten) oder ein 18poliges Flachbandkabel vom zentralen Stellpult aus.

Unsere Kabel sind wie folgt belegt:
● Kabel 1 (schwarz): gemeinsame Masse für normale Beleuchtung
● Kabel 2: Hausinnenbeleuchtung
● Kabel 3: Ladeninnenbeleuchtung
● Kabel 4: Straßenlaternen
● Kabel 5 und 6: Reserve

Materialliste für die Fußgängerzone

1 Beleuchtungstrafo
1 Wechselschalter
3 Lüsterklemmenleisten
je 2 Paar Flachbandkabelstecker 18polig und 6polig (Herkat)
je 1 Flachbandkabel 6polig (Herkat)
je 10 m Schaltdraht grün, schwarz, rot
1 Rolle Kupferfolie selbstklebend (Hobbytime)
Elektroniklot
Lötfett

Werkzeug

Lötkolben
Minicraft-Schraubendreherset
Bastelmesser
Elektronikerzange
Gripzange
Schere
Abisolierzange

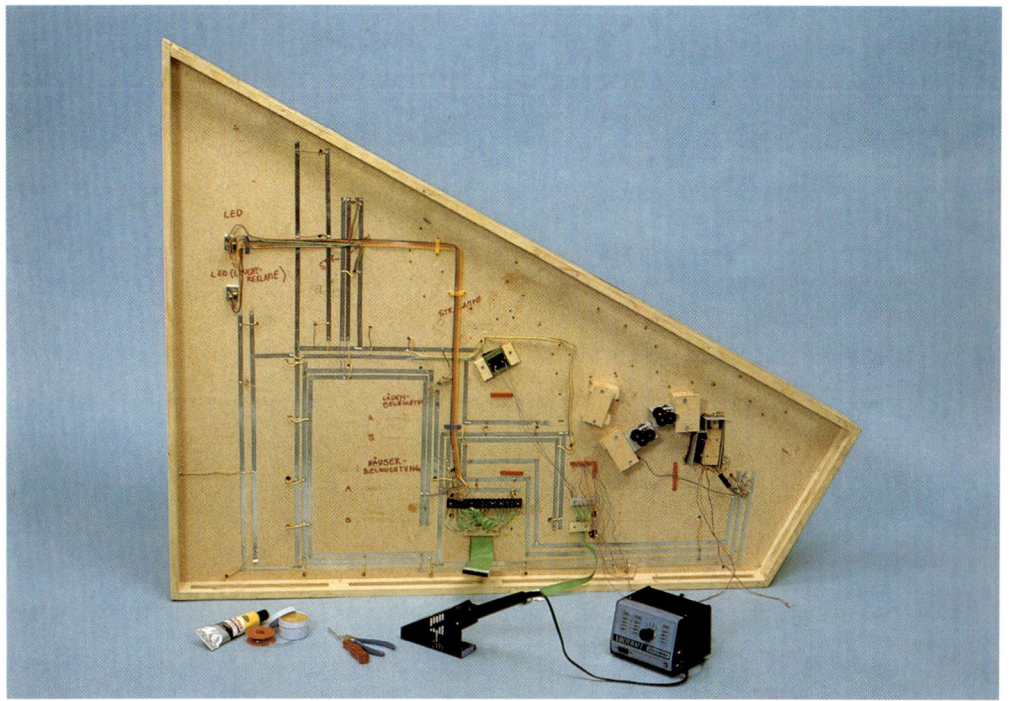

Abb. 62: Fertig verdrahtetes Fußgängerzonenmodul, von unten gesehen – zwei der drei Motoren für das Kettensystem sind bereits montiert.

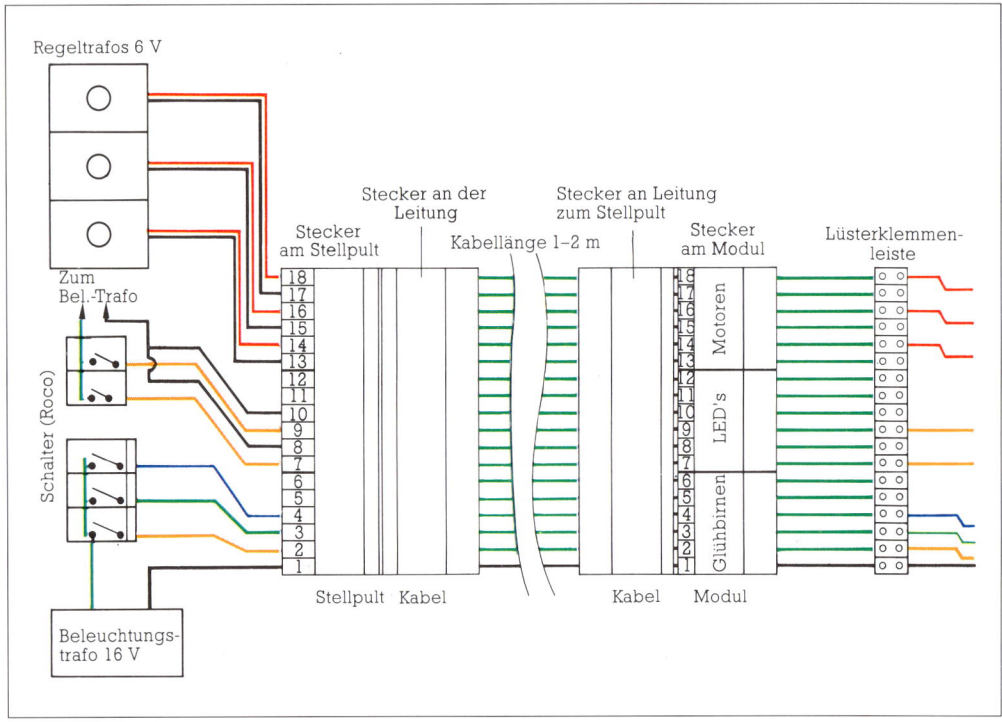

Abb. 63: Schematische Darstellung der Beleuchtungsmatrix

- Kabel 7 und 8: LED-Leuchtreklame
- Kabel 9 und 10: sonstige LEDs (z. B. Verkehrsampeln)
- Kabel 11 und 12: Reserve
- Kabel 13 und 14: Motor 1 (Pumpen im Schloßpark)
- Kabel 15 und 16: Motor 2
- Kabel 17 und 18: Motor 3

Module, auf denen mehr als drei Motoren für bewegte Systeme montiert sind, erhalten ein zusätzliches 6poliges Kabel, das zuvor mit Plastikfarbe als Sonderkabel markiert wurde.

Sowohl an dem entsprechenden Modul als auch an der zentralen Stromversorgung befindet sich eine lösbare Steckverbindung des Flachbandkabels. Durch die Aufteilung des Kabels in Sechsergruppen ergibt sich ein äußerst flexibles, leicht überschaubares Kabelsystem, das auch einen schrittweisen Ausbau ermöglicht.

b) Die zentrale Stromversorgung

In unserem Zentralstellpult sind für die Motoren Trafos von Fischer-Technik, leistungsstarke Beleuchtungstrafos von Titan sowie Stellpulte von Roco zum Ein- und Ausschalten der Beleuchtungsgruppen installiert. Jedem Modul ist ein Trafo zugeordnet. Man kann auch zwei Module mit einem Titan-Trafo beleuchten; nie darf jedoch ein Beleuchtungsstromkreis mit zwei Trafos betrieben werden (siehe Kapitel 4)!

Der Anschluß der Flachbandkabel im Stellpult wurde wie folgt durchgeführt:

- Kabel 1 (Masse) direkt zu einem Titan-Trafo, z. B. Trafo A
- Kabel 2–4 zu je einem Schalter des Roco Stellpultes
- Kabel 7 und 9 wieder direkt zum Trafo A
- Kabel 8 und 10 zum Stellpult. Dieses Stellpult (Kabel 2, 3, 4, 8, 10) erhält eine Verbindung zum anderen Pol des Trafos A

Abb. 64: Im Vordergrund: Trafos zur Versorgung der Bahnfahrpulte; Mitte: Beleuchtungs-trafos; hinten: Regeltrafos für die bewegten Systeme

● Kabel 13 und 14 (15 und 16; 17 und 18) werden je mit einem Fischer-Technik-Trafo zum Antrieb der Motoren verbunden.

Eine Ausnahme sind die Wasserspiele im Schloßpark: sie werden an einen Titan-Wechselstromtrafo angeschlossen

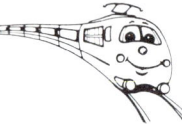

Kapitel 8

Bewegte Systeme unserer Stadt

1. Die „rasenden Kellnerinnen"

In den Schloßpark unserer Anlage haben wir eine ganz besondere Überraschung eingebaut. Zwei Kellnerinnen „flitzen" von Tisch zu Tisch, verschwinden im Cafégebäude und tauchen danach erneut wieder bei ihren durstigen Gästen auf.

Dieser frappierende Effekt beruht auf der Wirkung der Magnetkraft.

Die Kellnerinnen wurden auf kleine Magnete von Herkat geklebt. Unter einer dünnen Platte, die gleichzeitig den Boden des Cafégartens bildet, werden die nicht sichtbaren Magnete bewegt. Die Magnete an den Figuren folgen den Bewegungen der „unterirdischen" Magnete, und die aufgeklebten Figuren werden – je nach Führung der unterirdischen Magnete – kreuz und quer durch den Cafégarten gezogen.

Wie werden nun aber die unterirdischen Magnete bewegt? Diese Magnete sitzen auf einer Plastikkette, die durch einen Motor angetrieben wird. Alle Teile für diesen unterirdischen Antrieb stammen aus dem Fischer-Technik-Sortiment. Sie sind einfach zusammenzubauen und als Ersatzteile im Spielwarenhandel erhältlich.

Leider ist diese Konstruktion nicht völlig wartungsfrei. Von Zeit zu Zeit müssen abgenützte Zahnräder oder gebrochene Kettenglieder ersetzt werden. Dieser Wartungsdienst ist jedoch schnell und einfach durchzuführen.

Abb. 65: In der Fußgängerzone laufen die Fußgänger auf Magneten.

a) Ablaufbeschreibung

Grundplatte
Die Grundplatte sollte als tragendes Gerüst mindestens 13 mm stark sein, da sie ja als Achshalter für die Mitlaufachsen dient. Für unser Beispiel sollte sie mindestens 20 x 30 cm groß sein. Die nötige Bodenfreiheit wird z. B. durch die Modulkanten „Liebstadt" (siehe Kapitel 2) gesichert.

Auflage
Der Boden der Gestaltungsfläche sollte möglichst dünn sein (maximal 2 mm), um den Abstand zwischen Figurenmagnet und Antriebsmagnet gering zu halten. Die Auflage kann aus Karton, Sperrholz oder Kunststoff sein. Sie darf keinesfalls aus magnetisierbarem Material bestehen.
Um die Auflage plazieren zu können, werden um das Kettensystem herum Holzleisten auf die Grundplatte geklebt. Auch Zwischenräume innerhalb des bewegten Systems sollten durch Holzleisten gleicher Stärke aufgefüllt werden.

Figuren
Handelsübliche Figuren (in unserem Beispiel zwei) werden mit Pattex Super-Gel Sekundenkleber auf je einen Kleinmagnet geklebt. Wählen Sie die Klebeseite unbedingt so, daß sich Figurenmagnet und unterirdischer Magnet gegenseitig anziehen.

Magnete
Die benötigten Kleinmagnete sind als sogenannte SRK-Magnete im Spielwarenhandel erhältlich. Der Figurenzahl entsprechend werden die Magnete auf die Kettenoberseite geklebt. Die beiden Magnete in unserem Beispiel haben einen Abstand von 10 cm.

Trafo
Ein 6-V-Gleichstromregeltrafo wird durch zwei Kabel mit dem Motor verbunden und liefert den nötigen Strom.

Materialliste

Spanplatte 13 mm x 20 cm x 30 cm
Sperrholz 2 mm x 20 cm x 30 cm
Sperrholz 4 mm x 7 cm x 5 cm,
4 mm x 5 cm x 5 cm
Leiste 17 mm hoch, ca. 10 mm breit,
ca. 2 m lang
Dachlatte 45 cm x 1,5 cm
Querschnitt
Schrauben 3 mm ⌀, 45 mm lang,
ca. 4 Stück (Spax)
Schrauben 2 mm ⌀, 10 mm lang,
ca. 20 Stück
Unterlegscheiben 7 mm ⌀ außen,
5 mm ⌀ innen, 1 mm dick, 1 Pack
4 Rundmagnete 5 mm ⌀, 2 mm hoch
3 Straßenplatten Faller Nr. 560

Fischer-Technik-Teile

1 Trafo Nr. 30173 6 V =
1 Motor Nr. 31039
1 Getriebe Nr. 31048
4 Achsen Nr. 31034
4 Zahnräder Nr. 31779
1 Antriebsachse mit Zahnrad
Nr. 32081
1 Klemmzahnrad Nr. 37685
ca. 150 Kettenglieder Nr. 36848
4 Klemmbuchsen Nr. 37679
Kabelmaterial (Litze)
4 Bananenstecker

Werkzeug

1 Bohrmaschine (je 1 Bohrer 2 mm,
4 mm, 4,5 mm)
1 Eisensäge
1 Laubsäge
2 Schraubenzieher
1 Bastelmesser
1 Bleistift
1 Geodreieck
1 Bügelsäge
1 Pattex Super-Gel Sekundenkleber
1 Ponal
1 Pritt Alleskleber

Motor und Getriebe

Der Motor und das Getriebe, das einfach an den Motor angesteckt wird, werden unter der Grundplatte befestigt. Zur Installation des Antriebs wird die Grundplatte durchbohrt (Befestigung nach Skizze S. 77).

Achsen

Wir unterscheiden: Antriebsachsen und Achsen mitlaufender Zahnräder.

Die Antriebsachse wird in das Getriebe eingesteckt. Für die Befestigung der Achsen mitlaufender Zahnräder werden von oben Löcher in die Grundplatte gebohrt. Ihre Position hängt vom geplanten Kettenverlauf ab. Sie werden dort plaziert, wo die Kette ihre Richtung ändern soll. Diese Achsen werden in die Grundplatte eingesteckt.

Zahnräder

Das Klemmzahnrad wird auf die Antriebsachse aufgepreßt. An den Zahnrädern der Mitlaufachsen werden die Achslöcher mit einem 4,5-mm-Bohrer oder einer Rundfeile etwas aufgeweitet, so daß die Zahnräder sich nach Aufstecken auf die Achsen noch frei drehen lassen. Über die erhältlichen Zahnradtypen gibt der Fischer-Technik-Ersatzteilkatalog Auskunft.

Kette

Die Kunststoffkette wird aus einzelnen Kettengliedern je nach gewünschter Länge zusammengesetzt.

Kettenverlauf

Die einfachste Form der Kettenführung bildet ein Rechteck mit abgerundeten Ecken. Aus dieser Grundform lassen sich auch die komplizierteren Formen durch Einfügen weiterer Achsen (z.T. mit größeren Zahnrädern) entwickeln.

Klemmbuchsen

Damit die Kette frei läuft und nicht auf der Grundplatte entlangschleift, dürfen die Zahnräder nicht auf der Grundplatte aufliegen. Eine 5 mm hohe Klemmbuchse an jeder Mitlaufachse schafft den nötigen Abstand. Durch Verschieben der Klemm-

buchse auf der Achse oder durch Einfügen von Unterlegscheiben kann die Höhenlage der Zahnräder feinjustiert werden.

b) Die einzelnen Bauschritte

Zunächst den Kettenverlauf auf der Grundplatte anzeichnen, dann das Loch für die Antriebsachse bohren. Die Antriebseinheit (Antriebsachse, Motor, Getriebe) von unten einsetzen und mit Klebestreifen fixieren. Motorhalterung aus Dachlatten (3 x 5 cm) und Sperrholz (7 x 5 cm) fertigen, anpassen, vorbohren und von unten mit der Grundplatte verschrauben. Den Motor an den Trafo anschließen. Die Kette aus einzelnen Kettengliedern zusammenfügen. Kette und Zahnräder probeweise auf die Grundplatte auflegen und nach der Zeichnung ausrichten. Die Kette sollte zwischen den Zahnrädern leicht gespannt sein. Achsbohrungen der Mitlaufachsen auf der Grundplatte markieren. Jetzt achsenweise vorgehen: Grundplatte vorbohren mit einem 2-mm-Bohrer, aufbohren mit einem 4-mm-Bohrer, Klemmbuchse und Zahnrad auf die Achse aufdrücken, Achse in die Grundplatte einstecken, Kette probeweise anlegen; nächste Achse montieren.

Abb. 66: Kettensystem im Schloßcafé mit angehobener Lauffläche

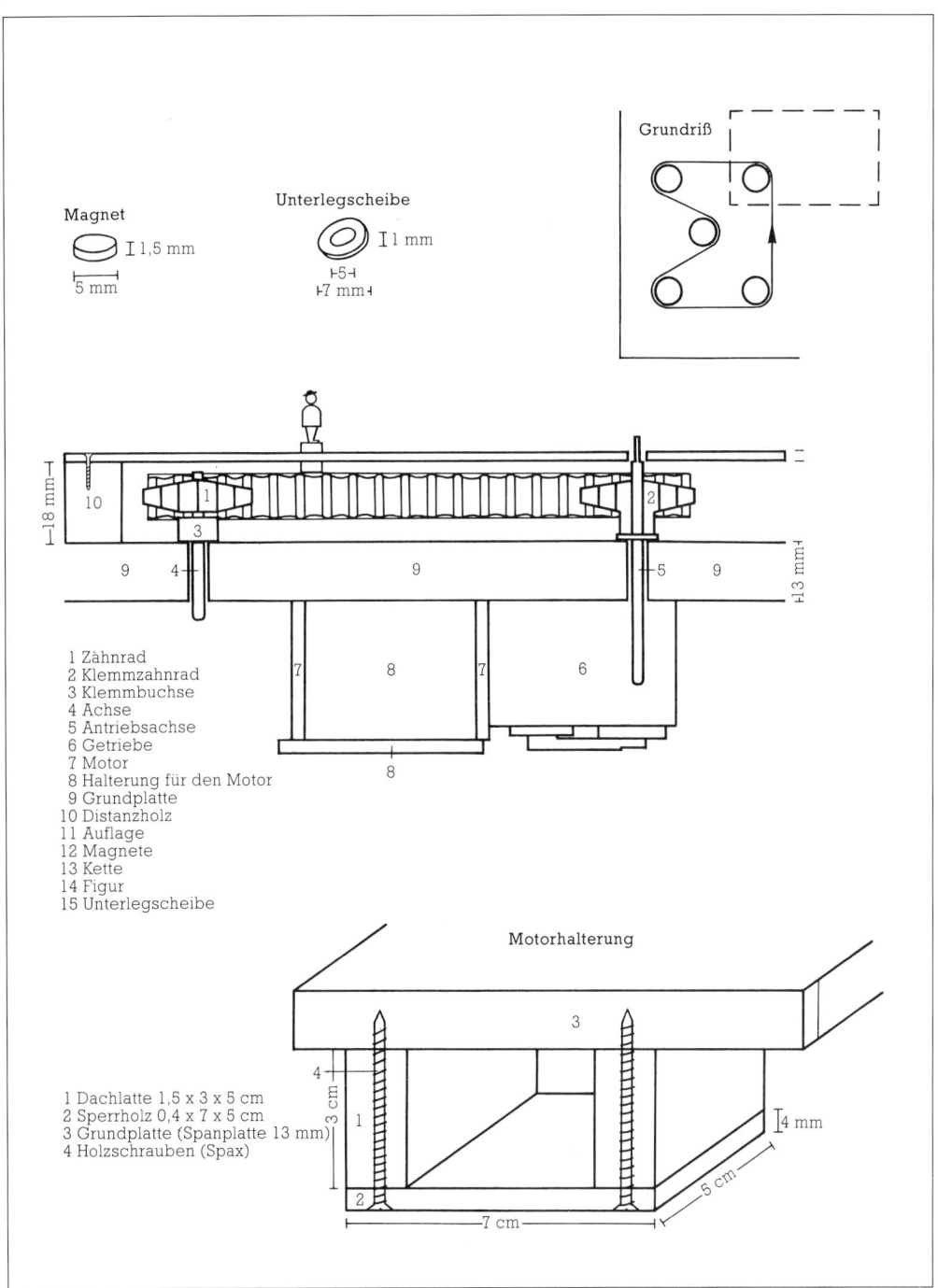

Magnet

I 1,5 mm

5 mm

Unterlegscheibe

I 1 mm

⊦5⊣
⊦7 mm⊣

Grundriß

18 mm

10

1

3

9 4

9

2

5 9

⊦3 mm⊣

1 Zahnrad
2 Klemmzahnrad
3 Klemmbuchse
4 Achse
5 Antriebsachse
6 Getriebe
7 Motor
8 Halterung für den Motor
9 Grundplatte
10 Distanzholz
11 Auflage
12 Magnete
13 Kette
14 Figur
15 Unterlegscheibe

7 8 7 6

8

Motorhalterung

3

4

1

2

3 cm

⊦4 mm

5 cm

7 cm

1 Dachlatte 1,5 x 3 x 5 cm
2 Sperrholz 0,4 x 7 x 5 cm
3 Grundplatte (Spanplatte 13 mm)
4 Holzschrauben (Spax)

Abb. 67: Der Kettenantrieb im Schloßcafé: Grundriß, Seitenansicht und Motorhalterung

Abb. 68: Fertig ausgestaltetes Schloßcafé mit den „rasenden Kellnerinnen" an einem „schönen Sommertag"

Achten Sie darauf, daß die Kette leicht gespannt parallel zur waagerechten Grundfläche verläuft und daß sich die Zahnräder leicht drehen lassen. Die Montage der letzten Achse gibt Ihnen nochmals die Möglichkeit, den gesamten Kettenverlauf zu justieren. Sollte die Kette zu lose oder zu stramm gespannt sein, so verändern Sie die Kettenlänge und setzen die letzte Achse neu. Sobald die Kette einwandfrei läuft, werden die Magnete mit Pattex Super-Gel Sekundenkleber aufgeklebt.

Danach werden die Distanzleisten für die Auflagefläche zurechtgesägt und mit Ponal auf die Grundplatte aufgeklebt. Die Höhe der Distanzleisten sollte knapp bemessen werden (Erhöhung der Distanz durch Pappstreifen ist einfacher als abhobeln). Da die Antriebsachse etwas zu lang war, mußte sie jetzt mit einer Eisensäge gekürzt werden. Sie können aber auch eine Aussparung in der Auflagefläche vorsehen.

Nun wird die Auflagefläche aufgelegt und verschraubt. Die Figuren werden auf Magnete geklebt und aufgesetzt. Nach erfolgreichem Probelauf kann schließlich die Straßenfolie mit Pritt Alleskleber auf die Auflage geklebt werden.

Bei aller interessanten Mechanik sollte aber nicht die Ausschmückung des kleinen Cafés vergessen werden!

2. Die Fußgängerzone

Nach der gleichen Methode kann auch eine belebte Fußgängerzone in unserer Stadt entstehen. Figuren hasten in Geschäfte, begegnen sich, laufen mit unterschiedlicher Geschwindigkeit, drehen sich sogar zufällig um – der Effekt ist frappierend.

Wie entsteht das geschäftige Hinundhereilen? Auch in diesem Fall installieren wir ein unterirdisches Kettensystem. Damit auf der Oberfläche ein quirliges Durcheinander der bewegten Figuren entsteht, verlegen wir die Ketten in Zickzackform.

In unserer Fußgängerzone haben wir drei in sich geschlossene Kettensysteme mit je einem Antrieb (Trafo) aufgebaut. Für einen Nachbau benötigen Sie ein Modul mit einer Mindestgröße von 50 x 100 cm. Dadurch erreichen wir zusätzlich unterschiedliche Laufgeschwindigkeiten unserer Personen. Leichte Bodenunregelmäßigkeiten sorgen sogar für Drehbewegungen der Figuren.

Auf jeden Fall sollten die Ketten auch durch die Eingänge von Kaufhäusern, Banken oder Fußgängerpassagen führen. Die Eingänge müssen groß genug sein; die Grundplatten der Gebäude trennt man heraus. Die mit einer Minibohrmaschine ausgesägten Öffnungen in den Seitenwänden der Gebäude ermöglichen es, daß die Figuren aus Gebäuden treten, in die sie niemand hineingehen sah.

Da an den richtungsgebenden Zahnrädern und den Figuren Reibungskräfte auftreten, ist sowohl die Kettenlänge wie die Anzahl der Figuren pro Kette begrenzt (Magnetabstand ca. 10 cm). 10 Figuren auf einer etwa ein Meter langen Kette lassen sich mit einem Antriebsmotor ganz problemlos betreiben.

Die Skizze zeigt, wie wir bei unserer Fußgängerzone die Ketten ineinander verschachtelt haben.

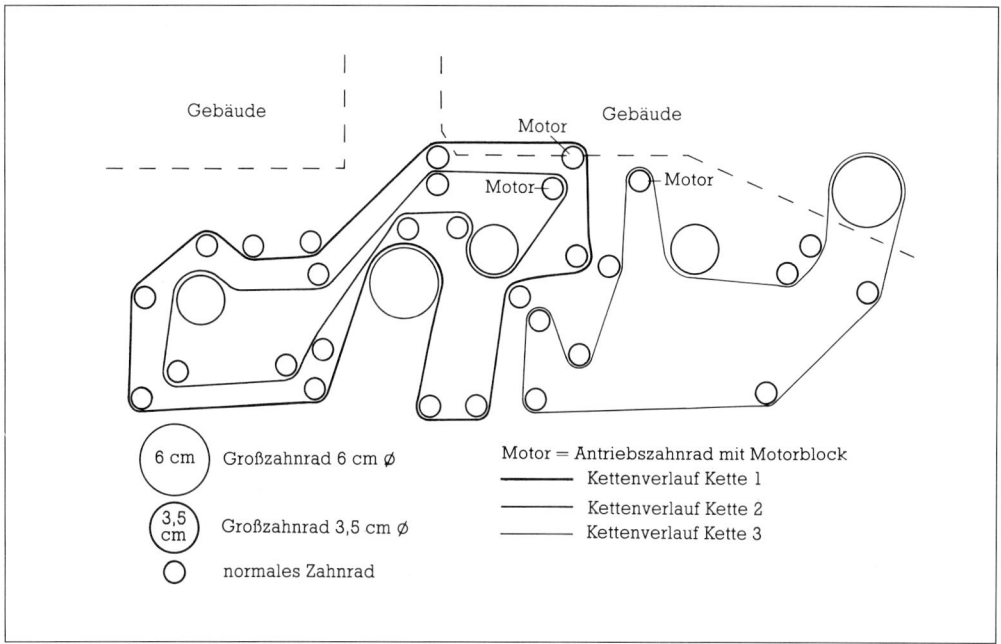

Abb. 69: Kettenverlauf in der Fußgängerzone: Lage der Antriebe und Variation durch unterschiedlich große Zahnräder

3. Die Autostraße

PKWs befahren die drei Module um das Fabrikviertel unserer Anlage (siehe Skizze). Die Montage auf einer 100 x 200 cm großen Grundplatte wäre jedoch ebenfalls durchaus möglich.

Auf dieser Straße können sämtliche PKWs und Kombiwagen fahren, die im Maßstab HO erhältlich sind, sofern sie gut rollen. Diese Eigenschaften haben durchweg die Autos der Firma Herpa. LKWs und Busse können nur eingesetzt werden, wenn sie mit lenkbaren Vorderachsen ausgerüstet sind.

Der Magnet wird zwischen den Vorderrädern der Modellautos angebracht.

Das oben beschriebene Antriebsprinzip wurde für unser Autosystem etwas modifiziert:

● Um die je ca. 3 m langen Ketten bewegen zu können, wurden pro Kette zwei Antriebseinheiten (Motor, Getriebe, Antriebsachse) eingebaut. Die beiden An-

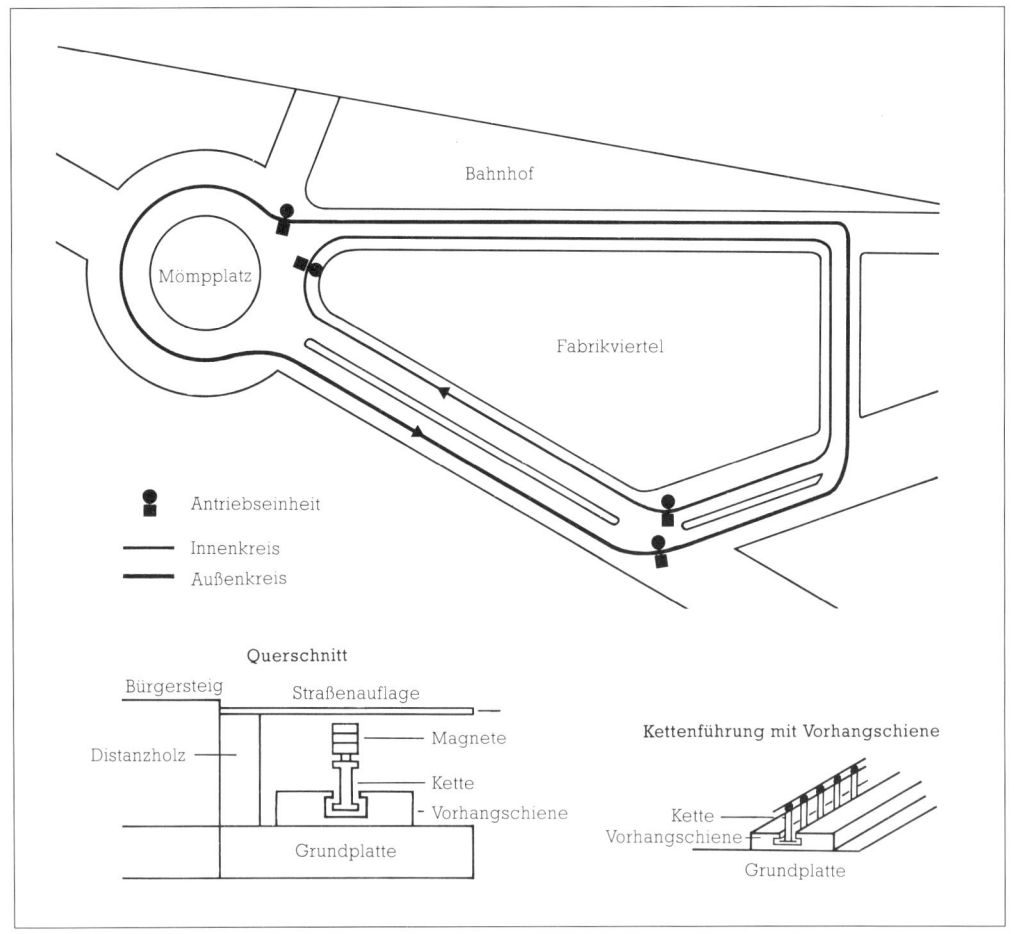

Abb. 70: Verlauf des Kettensystems für den Autoverkehr mit eingezeichneter Lage der Motoren

Abb. 71: Hier wurde die Straßendecke teilweise angehoben: Vorhangschienen dienen der Kettenführung.

triebe einer Kette werden gemeinsam von einem starken Titan-Modellbahn-regeltrafo mit Energie versorgt. Da die maximale Sekundärspannung dieser Trafos bei 12 V = liegt, dürfen die Regler nur bis zur Hälfte aufgedreht werden.

● Damit die Fahrzeuge auch den Mömpplatz umrunden können, wird die Kette von einer zurechtgebogenen und auf der Grundplatte befestigten Vorhang-schiene geführt. Nur in engen Kurven wird die Kette mit Zahnrädern umgelenkt.

● Als Straßenmaterial verwendeten wir große PVC-Platten, aus denen der Straßenverlauf mit einer Stichsäge ausgeschnitten wurde.

● Die Kette liegt hier deutlich tiefer als bei den Fußgängern – mehrere Magnete wurden übereinandergetürmt. (Nicht die sich daraus ergebende größere Magnetkraft war Grund dieser Maßnahme, vielmehr ging es dabei um geplante Erweiterungsteile.) Bei Ihrer Anlage können Sie diesen Abstand selbstverständlich bis auf eine Magnetscheibe reduzieren.

Abb. 72: Auf dem Drehteller im Autohaus steht ein Sportwagen.

4. Der Drehteller

Eine weitere belebende Attraktion stellt der Drehteller in unserem Autosalon dar. Für das Antriebsprinzip (Motor, Getriebe, Antriebsachse) dieser Präsentationsfläche und für die Mindestgröße der Grundplatte gilt die Darstellung in Kapitel 8.1. Lediglich das Klemmzahnrad wird durch eine runde Platte ersetzt und mit Pattex Super-Gel Sekundenkleber mit der Antriebsachse verklebt.

Die Platte in unserem Autosalon hat einen Durchmesser von 3 cm. Sie wurde mit der Laubsäge aus 4 mm dickem Sperrholz ausgesägt. In die Kreismitte wurde ein 4-mm-Loch gebohrt, um die Platte auf die Antriebsachse aufstecken zu können. Zum Abschluß wurde der Drehteller ausgeschmückt.

Soll er in einem Gebäude stehen, wird das Gebäudeuntergeschoß (Bohrung für Antriebsachse im Gebäudeboden nicht vergessen!) vor Aufsetzen der Drehfläche auf die Grundplatte aufgeklebt.

Kapitel 9

Wie wir unsere Bewohner lebendig machen

1. Figurenverfeinerung

Eine quirlige Stadt mit bevölkerten Straßen, Plätzen und Parkanlagen kann auch im Modell durch passende Figürchen verwirklicht werden. Um die vielseitigen Bewohner einer Stadt zu imitieren, haben wir gleiche Grundtypen von Preiser und Merten variiert und unterschiedlich bemalt oder in ihrer Körperhaltung leicht verändert, bevor sie aufgestellt wurden. Jene „Leutchen", die als Hauptdarsteller „ganz

groß 'raus kamen", wurden einer Sonderbehandlung unterzogen.

Besonders preiswert, allerdings auch zeitaufwendig, ist die Ausstaffierung dann, wenn man Sets mit unbemalten Figuren kauft und diese mit matten Humbrol-Plastikfarben selbst bemalt. Hier nun einige praktische Ratschläge zur Behandlung der Minibewohner:

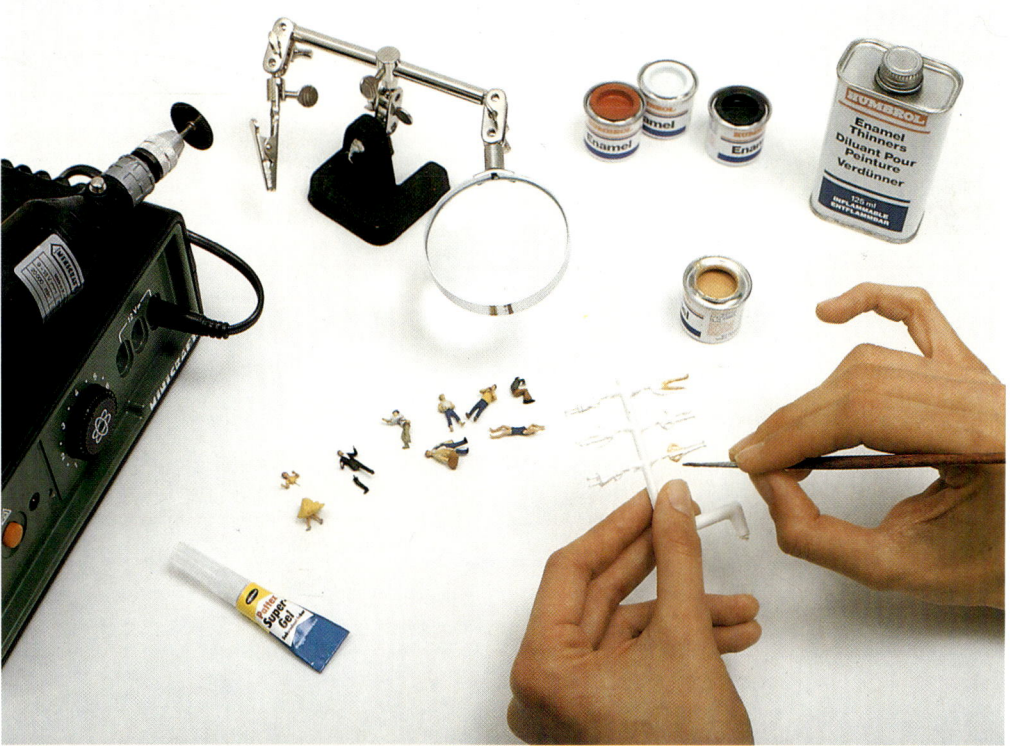

Abb. 73: Materialien und Werkzeuge zur Figurenverfeinerung

a) Entgraten und Veränderung der Körperhaltung

Die meisten Figuren weisen entlang der Arme und Beine feine Nähte auf, die vom Zusammenpressen der Spritzgußteile bei der Figurenproduktion herrühren. Diese Nähte können mit einem scharfen Bastelmesser abgeschliffen werden. Dazu fahren Sie mit der Messerklinge einige Male die Nähte entlang, wobei Klinge und Naht senkrecht aufeinanderstehen sollten.

Falls Sie bei einigen Figuren die Körperhaltung verändern möchten, sollten Sie dies vor der Bemalung tun. Hierfür wird das entsprechende Körperglied mit einem scharfen Bastelmesser bzw. mit einer Minicraft-Kleinbohrmaschine mit aufgesetzter Trennscheibe direkt am Rumpf abgetrennt

Materialliste
Humbrol-Plastikfarben matt, diverse Farbtöne und fleischfarben 1 Pack unbemalte Figuren Haar-Pinsel der Stärken (00), 0–2 1 Flasche Verdünnung (Pinselreiniger) Pattex Super-Gel Sekundenkleber

Werkzeug
1 Rührstäbchen Bastelmesser Minicraft-Kleinbohrmaschine mit Dorn und Trennscheibe

und anschließend in der gewünschten Stellung mit Pattex Super-Gel Sekundenkleber wieder angeklebt. Achten Sie darauf, daß Sie keine Figuren in „unmöglichen" Körperhaltungen produzieren. Üben Sie diesen Arbeitsschritt zunächst an einigen unwichtigen Figuren.

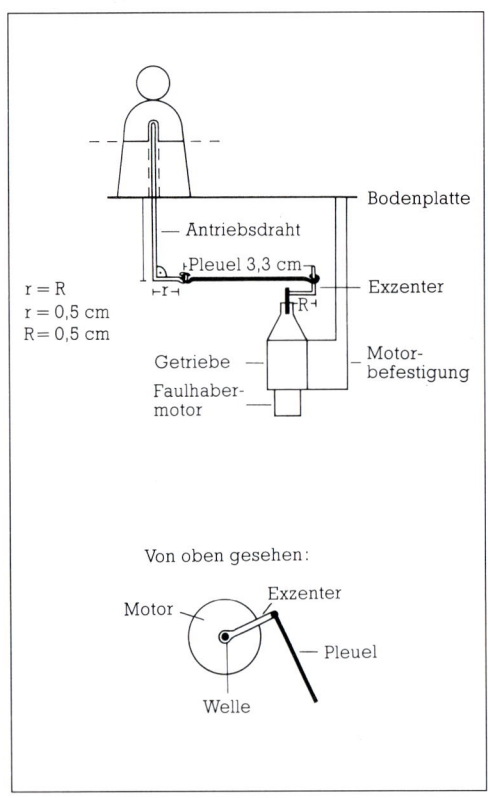

Abb. 74: Figurenanimation I: Drehbewegung des ganzen Oberkörpers, Motoreinbau

Abb. 75: Die Kaffeetrinker in der Fußgängerzone

b) Figurenbemalung

Die nach Ihren Wünschen vorbehandelten Figuren können Sie mit matten Humbrol-Plastikfarben und Pinseln der Stärken 00 und 0 selbst bemalen. Bemalen Sie zunächst die sichtbaren Körperpartien. Hierfür gibt es einen speziellen Farbton. Rühren Sie die Mattfarben vor dem Auftragen unbedingt gut auf, sie würden sonst nach dem Auftrocknen glänzen. Nachdem die Figuren getrocknet sind, können die Kleidungsstücke nach eigenem Geschmack bemalt werden.

Tip: *Zur abschließenden Feinbemalung stellen Sie sich einen „Einhaarpinsel" her, das heißt, Sie schneiden von einem Pinsel alle Haare bis auf eines ab. Mit diesem Pinsel können Sie dann Ihre Figuren mit Mantelknöpfen, Schnurrbärten, ja sogar mit farbigen Pupillen versehen.*

2. Figurenanimation

Dieses Kapitel wendet sich an den fortgeschrittenen Bastler und setzt einiges feinmechanisches Geschick voraus. Daher wird auch auf eine ausführliche Beschreibung des Zusammenbaus der Motorhalterung verzichtet. Die entsprechenden Maße entnehmen Sie bitte der Skizze.
Sinnvollerweise erfolgt der Aufbau einer mechanisch bewegten Figur auf einem ca. 5 x 5 cm großen Minimodul, das nach Fertigstellung in die Anlage eingesetzt wird.

a) Seitenbewegung des ganzen Oberkörpers

Am einfachsten zu realisieren sind Bewegungen des ganzen Oberkörpers. Wir verwendeten hierzu die Figur einer Dame „aus feinem Haus" mit einem bis zum Boden reichenden Rock.
Vorbereitung der Figur:
Die Figur wird in Taillenhöhe mit einer Mini-craft-Kleinbohrmaschine mit aufgesetzter Trennscheibe sauber durchtrennt. Nun wird der Unterkörper der Figur mit einem 1-mm-Bohrer im Zentrum durchbohrt. Der

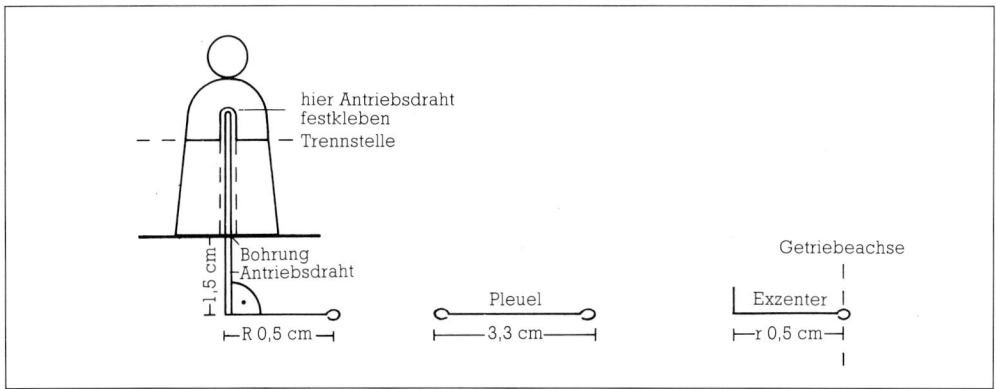

Abb. 76: Figurenanimation II: Teile für die Figurendrehbewegung

Oberkörper wird – ebenfalls im Zentrum – von unten soweit angebohrt, daß ein Stahldraht eingesetzt und mit Pattex-Sekundenklebergel eingeklebt werden kann (siehe Skizze). Der Stahldraht sollte max. 10 cm lang sein. Der Unterkörper wird mit Pattex Super-Gel Sekundenkleber auf die (ebenfalls durchbohrte) Grundplatte aufgeklebt. Das Oberteil mit Draht wird aufgesteckt und kann probeweise von Hand hin und her gedreht werden.

Vorbereitung des Antriebs
Zum Antrieb der „Swinging Lady" nehmen wir einen 12-V-Faulhabermotor aus dem Angebot des Conrad-Versandes mit Getriebevorsatz 1 : 485. Der Motor wird einfach in den Getriebevorsatz eingesteckt. Er wird mit einem 6-V-Fischer-Technik-Gleichstromregeltrafo betrieben. In dieser Kombination dreht sich die Getriebewelle – wie gewünscht – bei voll aufgedrehtem Trafo ca. 1 x in der Sekunde.

Vorbereitung der Antriebsmechanik und Zusammenbau
Um die Drehbewegung des Motors in eine Hin- und Herbewegung des Figurenober-

Materialliste für eine Figur:
Trafo (6 V =) Faulhabermotor (12 V =) mit Getriebe 1 : 485 30–50 cm Federstahldraht 0,3 mm 10 cm Federstahldraht 1 mm 1 Lüsterklemme einige Figuren 1 Büroklammer
Werkzeug
Minicraft-Kleinbohrmaschine mit Dorn, Trennscheibe, 0,5-mm-Bohrer Fräskopf Seitenschneider Elektronikerzange 1 Eisensäge

körpers umzuwandeln, ist eine Mechanik aus entsprechend zurechtgebogenen Drahtteilen notwendig. Das Bewegungsprinzip ist ähnlich dem einer Dampflokomotive, bei der die Hin- und Herbewegung der Kolbenstangen im Zylinder durch das Gestänge in eine Drehbewegung der Räder umgewandelt wird.

Die zurechtgebogenen Drähte werden entsprechend ihrer Funktion als Exzenter und Pleuel bezeichnet. Ein Stück Stahldraht (Maße siehe Abb. 76) wird zu einem Haken gebogen und mit der Antriebswelle des Getriebes verlötet. Er dient als Exzenter. Der Antriebsdraht der Figur wird ebenfalls unterhalb der Grundplatte um 90 Grad abgewinkelt. Dann wird er mit einem Seitenschneider auf Maß abgeschnitten. Sein freies Ende wird zu einer Öse gebogen. Dazu eignet sich eine sogenannte Elektronikerzange sehr gut.

Wichtig: Länge „R" des waagerechten Teils des Antriebsdrahtes und Länge „r" des Exzenters müssen gleich sein. „R" und „r" sollten nach der Befestigung des Motors in einer Ebene liegen.

Zwischen Exzenter und Antriebsdraht wird ein passend abgelängter und mit zwei Ösen versehener Draht eingehängt. Dieser dient als Pleuel.

b) Bewegen eines Figurenarmes

Etwas schwieriger wird es, wenn nur der Arm einer Figur bewegt werden soll, wie beim „Kaffeetrinker" in unserer Fußgängerzone oder beim „Fahrdienstleiter" im Bahnhof.

Vorbereitung der Figur
Zunächst wird der Figur an der Schulter der Arm abgetrennt. Dann wird mit der Minicraft-Kleinbohrmaschine mit dem Fräskopfaufsatz der Rücken ausgehöhlt. Diese Aushöhlung soll später den Drahtmechanismus zur Bewegung des Armes aufnehmen. Figur und Arm werden entsprechend der Skizze mit einem 0,5-mm-Bohrer aufgebohrt.

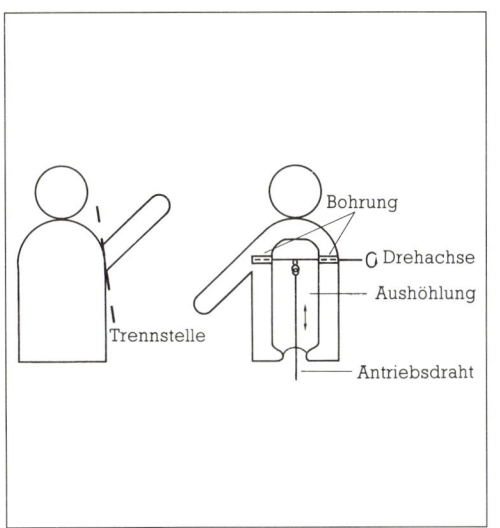

Abb. 77: Figurenanimation III: Armbewegung

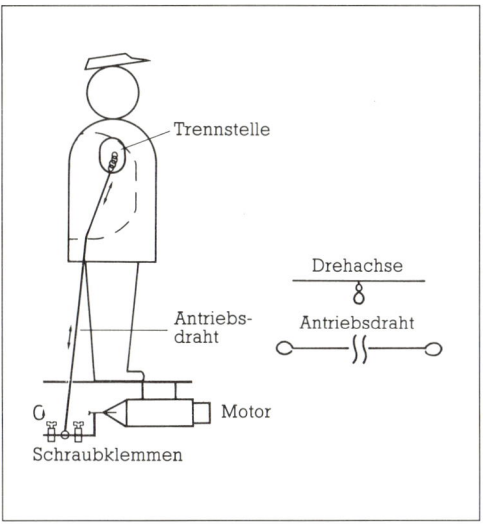

Abb. 78: Figurenanimation IV: Antrieb für die Armbewegungen

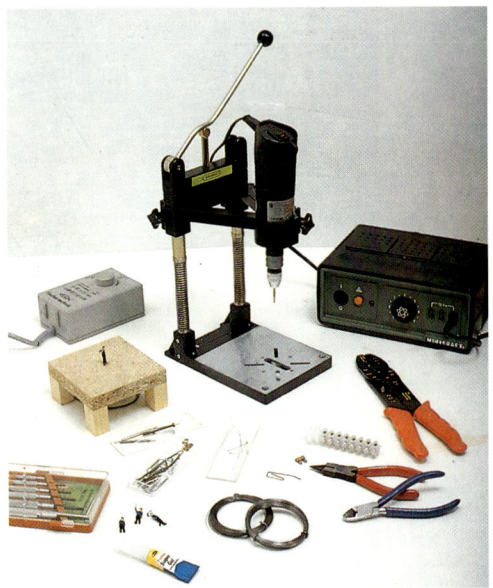

Abb. 79: Material und Werkzeug, mit denen ein Figurenarm beweglich gemacht wird

Vorbereitung des Antriebes
Die Vorbereitung des Antriebes geschieht wie bei der „Swinging Lady" (S. 84).

Abb. 80: Der Armantrieb wird justiert.

Antriebsmechanismus und Zusammenbau
Die Drehachse für den Arm wird ein 0,3 mm dicker Stahldraht von ca. 4 cm Länge. Er wird durch die Bohrung in die Figur einge-

*Abb. 81: Der „angetriebene" Fahrdienstlei-
ter gibt „freie Fahrt".*

Abb. 82: Kurgäste am Tor des Schloßparks

steckt und in der Mitte der Aushöhlung mit
einer Elektronikerzange so verdrillt, daß er
hier eine Öse bildet (siehe Skizze).

Ein 5 cm langes Stück Stahldraht von gleicher Stärke dient als Antriebsachse. Sie
wird an einem Ende mit der Elektronikerzange mit einer kleinen Öse versehen. Die
Öse der Antriebsachse wird in die Öse der
Drehachse eingehängt. Durch Auf- und
Abbewegen der Antriebsachse sollte sich
jetzt die Drehachse um 90 bis 110 Grad drehen lassen.

Nun wird das freie Ende der Drehachse so
weit abgetrennt, daß sich der Arm bis fast
an die Figur auf die Drehachse aufstecken
läßt. Achten Sie darauf, daß das Ärmchen
noch etwas Spiel hat. Mit Pattex Super-Gel
Sekundenkleber wird es an der Drehachse
so festgeklebt, daß es später eine realistisch wirkende Bewegung ausführt.

In die Oberfläche des Minimoduls wird ein
Loch von 3 mm Durchmesser gebohrt und
der Antriebsdraht duchgeführt. Dann kann
die Figur auf das Minimodul aufgeklebt
werden.

Unter der Platte wird der Motor mit einem
Getriebe montiert, dessen Achse ebenfalls
mit einem Exzenter zu versehen ist. Länge
„R" (mögliche Auf- und Abbewegung des
Antriebsdrahtes) und Länge „r" des Exzenters sollen gleich lang sein. Der Exzenter
am Motor wird aus dem Draht einer Büro-
klammer zurechtgeschnitten und gebogen.

Exzenter und Arm werden je in die obere
Endstellung gebracht, und der Antriebsdraht wird in der Länge so angepaßt, daß
er nach dem Biegen einer Öse über den
Exzenterstift geschoben werden kann. Um
ein Verrutschen dieser Öse auf dem Exzenterstift zu verhindern, sichert man sie mit
zwei selbstgebastelten Schraubklemmen:
Die Plastikhülle einer kleinen Lüster-
klemme wird mit dem Bastelmesser auf-
getrennt, und die doppelte Metallklemme
wird mit einer feinen Metallsäge in der
Mitte durchgesägt. Die so erhaltenen Klemmen werden dann vor und hinter dem
Antriebsdraht auf den Exzenterstift aufgeschraubt (siehe Skizze S. 86).

3. Gestaltung lebensnaher Szenen

Fertig bemalt liegen die Figuren in ihren Kästen und warten darauf, ‚auszugehen'! Einige werden durch die Fußgängerzone hasten, andere sich im Schloßpark erbauen. Der gehetzte Treppensteiger klebt schon auf der vorletzten Stufe bei der Straßenbahnhaltestelle – ob er die Bahn wohl noch erreicht? Einige Kinder spielen Ball auf der Wiese neben dem Schloßpark. Action – alle sind in Bewegung, schauen in Richtung Ball, nur ein kleiner Junge steht traurig am Spielfeldrand.

Oder die Kurgäste am Tor zum Schloßpark: Zwei Herren unterhalten sich, andere bewundern die schönen Blumen. Einige sitzen auf den Bänken, lesen oder schauen der Entenfamilie zu, die über den See der alten Dame entgegenschwimmt, die gerade Brotkrumen aus der Tüte kramt.

Arrangieren Sie auch solche Szenen. Es macht riesigen Spaß. Schauen Sie sich in Ihrer alltäglichen Umgebung um, und setzen Sie die Figuren Ihrer Modellwelt nach realen Szenen, oder lassen Sie als Regisseur Ihre Phantasie spielen, und erfinden Sie eigene Szenarien. Einige Grundregeln sollten Sie dabei allerdings beachten:

Verteilen Sie Ihre Figuren nicht diffus über die ganze Anlage. Stellen Sie immer kleine Gruppen zusammen. Lassen Sie – auch in einer belebten Fußgängerzone – immer wieder kleine Lücken zwischen den Gruppen. Weder die Schaufenster bleiben unbeachtet – lassen Sie einige Figuren davor haltmachen – noch die Bäume im Park – lassen Sie davor ein kleines Hündchen das Bein heben.

Bei Attraktionen bilden sich Menschenansammlungen, eine Menschentraube vor der Kirche oder eine Kino-Schlange zum Beispiel.

Tip: Überladen Sie Ihre Anlage nicht, und achten Sie darauf, daß die Abstände zwischen Personen, die zufällig beisammenstehen, unregelmäßig sind.

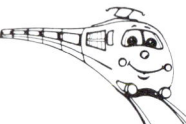

Kapitel 10

Trockenes Wasser – nasses Wasser

1. Künstliches Wasser

Ein besonderes Flair erhält eine Modellbahnanlage durch die Nachbildung von Wasserflächen, seien es nun Seen, Bäche oder sogar ein richtiger Fluß. Wir haben eine umfangreiche Echtwasseranlage in unseren Schloßpark integriert.

Unter künstlichem Wasser sind sämtliche Wasserimitationen zu verstehen, die nach der Bearbeitung trocken bleiben. Überall da, wo elektrische Leitungen, Schienen oder Metallteile in unmittelbarer Nachbarschaft sind oder aber der Fußboden unterhalb der Anlage auf keinen Fall naß werden darf, ist diese Art der Wassernachbildung die einzig mögliche. Aber auch Regenspuren, Pfützen und Rinnsale lassen sich nur durch Imitation sinnvoll darstellen.

Am einfachsten malt man gedachte Wasserflächen mit blauer Farbe an. Bessere Wirkung erzielen Sie jedoch mit handelsüblichen Seefolien z. B. von der Firma Faller. Der Einbau dieser Folien ist in neueren Faller-Katalogen ausführlich beschrieben. Regenspuren und Pfützen lassen sich einfach und eindrucksvoll mit Pritt Alleskleber herstellen. Das geht ganz einfach:

An der gewünschten Stelle Ihrer Anlage werden einige Tropfen Pritt Alleskleber aufgetragen, trocknen lassen – fertig ist die Pfütze.

Nach der gleichen Methode lassen sich Rinnsale sehr schön mit Pritt Alleskleber nachbilden: das Rinnsal einfach mit Pritt Alleskleber ausfüllen und trocknen lassen. Regennasse Straßen und Plätze lassen sich durch Auftragen von glänzendem Klarlack imitieren.

Hervorragend geeignet zur Imitation von Wasserflächen, Bächen und Flußläufen ist Gießharz.

Abb. 83: Schloßpark mit Wasserspielen

Materialliste:
1 Blumenuntersetzer 30 cm Durchmesser 1 Dose Gießharz mit Härter (Hobbytime) Gießharzfarbe blau transparent Rührspachtel Gießharzmischgefäß (Hobbytime) Schutzhandschuhe

Begleiten Sie uns doch mal beim Bau des Wasserbeckens im unteren Schloßpark. Letztlich werden Sie bei Ihrer Anlage selbst zu entscheiden haben, ob Sie sich für die Gießharz- oder Echtwassermethode entscheiden.

Da Gießharz transparent auftrocknet, können wir den Seegrund auch mit Oberflächengestaltungsmaterial ausschmücken. Das eigentliche Gießverfahren geht recht schnell:

Schutzhandschuhe anziehen, Gießharz und Härter gemäß Packungsanweisung und benötigter Menge in das Mischgefäß geben und mit dem Rührspachtel gut vermischen. Falls Sie den See in einem Arbeitsgang gießen wollen, benötigen Sie 1 kg angemischtes Gießharz. Damit unser See eine schöne blaue Färbung erhält, wird dem fertigen Gießharzgemisch noch eine Spach-

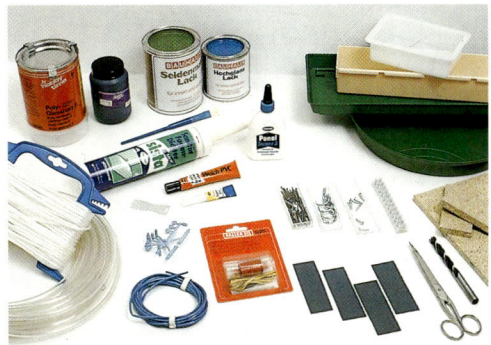

Abb. 85: Materialien für die Wasserspiele im Schloßpark

telspitze blaue Gießharzfarbe beigerührt. Gießen Sie nun das Gießharz in die Seeform und stellen Sie diese dann zum Austrocknen über Nacht ins Freie.

Tips: *Gießharz erwärmt sich beim Austrocknen. Die Form muß der Hitze standhalten können. Flüssiges Gießharz löst Styropor auf. Gießharzformen müssen absolut dicht sein, da Gießharz durch sämtliche Fugen und Risse dringt, solange es noch nicht getrocknet ist.*
Wenn Sie Gießharz in mehreren Schichten auftragen, können Sie Fische aus Sägespänen, Holzstämme etc. in ihr Gewässer einbetten.

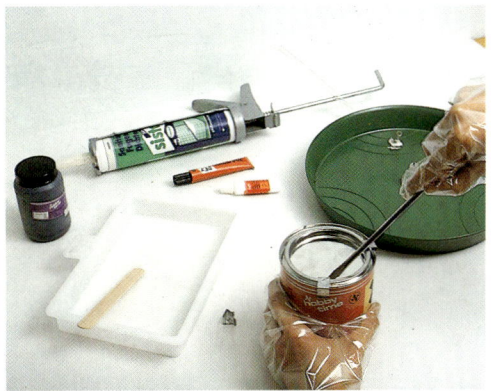

Abb. 84: Bei Arbeiten mit Gießharz Schutzhandschuhe anziehen

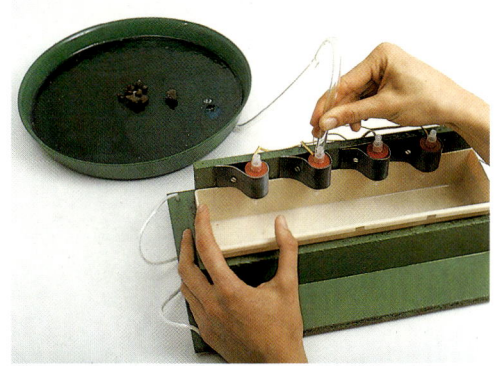

Abb. 86: Die fertige Pumpenanlage wird probeweise in Betrieb genommen.

2. Richtiges Wasser

Die Wasserspiele in unserem Schloßpark mit ihren acht wasserspeienden Fontänen und ihren fünf Wasserbecken sind einer der Glanzpunkte unserer Anlage. Wenn Sie ein paar Dinge beachten, können auch Sie solch eine beeindruckende Echtwasseranlage bauen.

Die Module müssen mit wasserfesten Spanplatten aufgebaut und mit Ponal Super 3 verklebt werden.

Echtwasseranlagen müssen regelmäßig gewartet werden. Dabei muß man das Wasser wechseln und die Becken reinigen. Nach jedem Spielen mit der Anlage ist das Wasser abzusaugen. Zum Betrieb einer Echtwasseranlage muß ein Wasserkreislauf erstellt werden. Er besteht aus dem oberirdischen Wasserlauf, einem Wasserauffangbecken unter der Anlage, Schläuchen, Düsen und den Pumpen.

a) Pumpen

Die für Modellbahner angebotenen Pumpen sind zwar dauerlaufgeeignet, haben jedoch nur eine geringe Förderhöhe. Diese würde zwar für den Schloßpark völlig ausreichen, für unsere echte Autowaschstraße mit spritzenden Düsen war ihr Wasserdruck aber zu gering. Hier wurde eine Scheibenwischerpumpe eingebaut, die zwar eine beachtliche Förderhöhe erreicht (und somit einen beachtlichen Wasserdruck), aber nur zwei Minuten laufen darf und dann abkühlen muß.

b) Schläuche

Schläuche und Düsen gibt es in großer Auswahl im Hobbygeschäft. Wir wählten für den Schloßpark Düsen von Fischer-Technik und Schläuche und Schlauchkupplungen von Faller und Fischer-Technik.

c) Wasserlauf und Auffangbecken

Der Wasserlauf besteht bei unserer Anlage aus fünf Kunststoffwannen, das Auffangbecken ist eine 30 x 8 cm große Kunststoffwanne mit 5 cm Tiefe.

Materialliste:

1 Blumenuntersetzer 60 x 15 cm
3 Gießharzschalen 10 x 5 cm
1 Blumenuntersetzer 30 cm ⌀
1 Kunststoffwanne 30 x 8 cm
4 Faller-Pumpen
2 Pumpenergänzungssets (Faller)
8 Düsen (Fischer-Technik)
8 Schläuche (Fischer-Technik)
6 m Plastikschlauch, 1 cm ⌀
1 Wäscheleine mit Kunststoffmantel
1 Spanplatte 35 x 20 cm, 1 cm dick
2 Spanplatten 30 x 10 cm, 1 cm dick
2 Spanplatten 10 x 10 cm, 1 cm dick
Nägel 30 mm lang
4 Schellen mit Schrauben
1 Lüsterklemmenleiste
4 Rundhaken
Kunstharzfarbe grün
Schwimmbadfarbe hellblau
Henkel Profix-Spezialkleber
Weich-PVC
1 Sista Sanitär Fugendichter (Silicon)
Ponal Super 3
Pattex Super-Gel Sekundenkleber

Werkzeug

1 Siliconpresse
1 Schere
1 Bastelmesser
1 Bohrmaschine mit Bohrer
1 Hammer
1 Pinsel

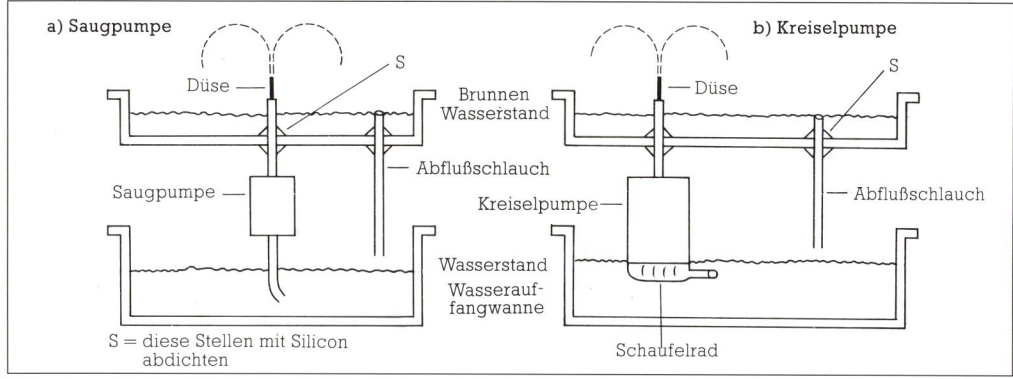

Abb. 87: Wasserkreisläufe

d) Bauschritte

● Die Pumpenstation

Zunächst wird aus den Spanplatten das Gehäuse der Pumpenstation gebaut. Die Bodenplatte der Pumpenstation ist die 35 x 20 cm große Spanplatte, die vier anderen Spanplatten bilden die Seitenwände. Diese werden auf der Bodenplatte zu einem 32 x 10 cm großen Kasten mit Ponal Super 3 zunächst untereinander und dann mit der Grundplatte verklebt, vernagelt und anschließend mit der grünen Farbe gestrichen. Nach dem Trocknen der Farbe wird im 1-cm-Abstand von allen vier Ecken je ein Loch in die Bodenplatte gebohrt. Dann wird die Kunststoffwanne eingesetzt und die vier Schellen an der inneren Längswand des Kastens angeschraubt. Die Pumpen werden (Kabelseite nach oben) in die Schellen eingesetzt und die Schrauben der Schellen angezogen.

Die Kabel der Pumpen fassen wir mit den Lüsterklemmen zusammen. Ein 2poliges Kabel wird zum Pumpentrafo geführt (siehe „Beleuchtungsanlage unserer Stadt" 7.2). Von dem Wäscheseil werden zwei 60 cm lange Stücke abgeschnitten und (siehe Skizze) durch die Bohrlöcher der Grundplatte gezogen. Die Seilenden werden zu Schlaufen gebunden.

In die Grundplatte des Schloßparkmoduls werden an den in der Skizze markierten Stellen – nach dem Vorbohren der Löcher mit einem 3-mm-Bohrer – die Rundhaken eingeschraubt.

In diese Rundhaken hängen wir später die Schlaufen der ehemaligen Wäscheleine.

Die Grundplatte des Schloßparkmoduls wurde vor der Oberflächengrundgestaltung (siehe Kapitel 5.1) für den späteren Pumpeneinbau präpariert.

● Vorbereitung der Wasserbecken

In die Wasserbecken werden (siehe Maßangaben der Abb. 90) die Löcher für die Düsen und den Abflußschlauch mit dem 5-mm-Bohrer vorgebohrt und anschließend mit dem 10-mm-Bohrer aufgebohrt. Aus den

Abb. 88: Der Testlauf der fertigen Anlage erfolgt vor der endgültigen Verkabelung.

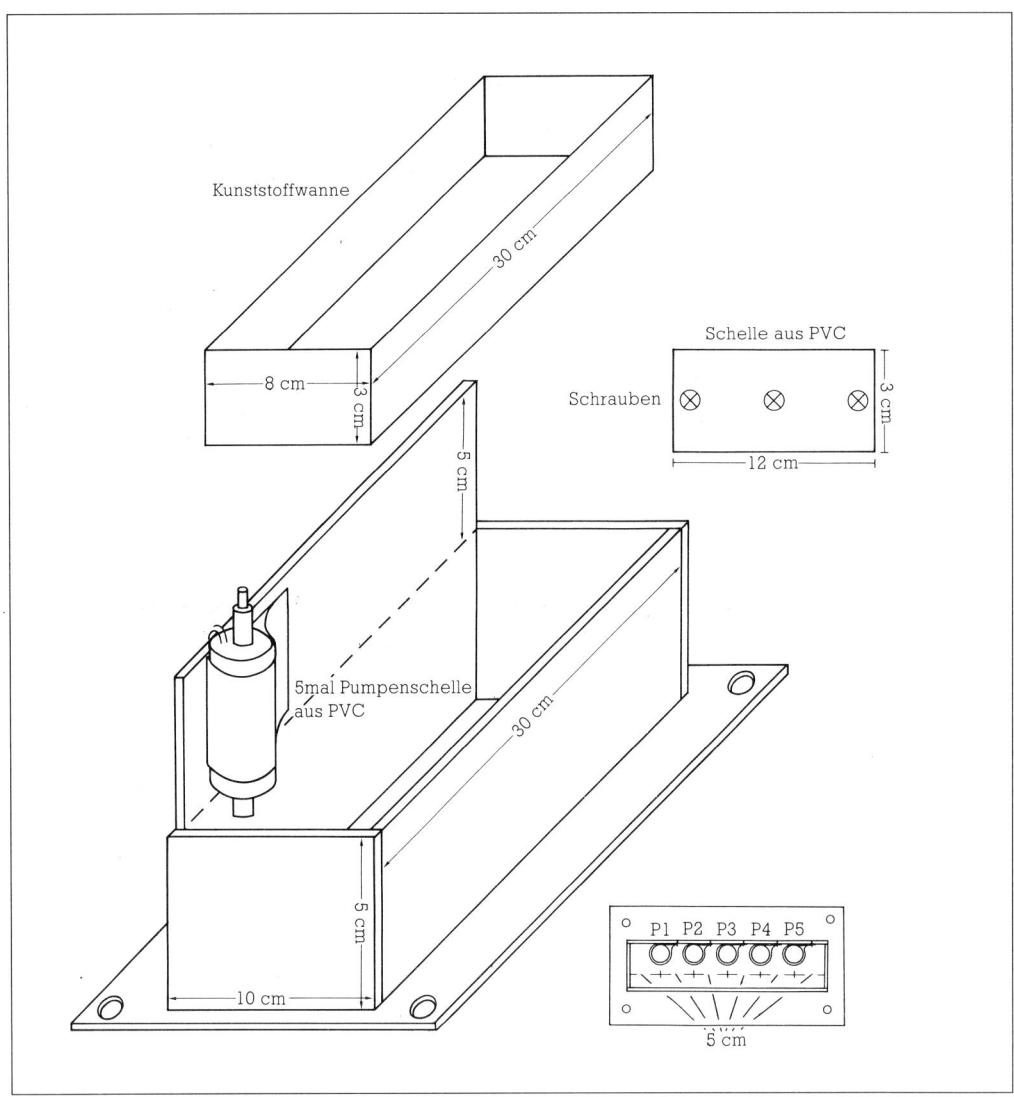

Abb. 89: Vermaßte Explosionszeichnung der Pumpenanlage

vier oberen Becken werden gemäß Skizze mit einer Laubsäge die Abflußrinnen ausgesägt und die Tropfkanten mit Profix-Spezialkleber Weich-PVC eingeklebt.

● **Vorbereitung der Düsen**
Die acht Fischer-Technik-Düsen werden mit dem Fischer-Technik-Schlauch mit Pattex Super-Gel Sekundenkleber verklebt.

Von dem Schlauch mit 1 cm Durchmesser werden folgende Stücke abgeschnitten: 8 x 20 cm und 1 x 40 cm. Das 40 cm lange Stück dient als Abflußschlauch und wird in die außermittige Öffnung des unteren Beckens geschoben.
In die anderen 1-cm-Schläuche werden die Fischer-Technik-Schläuche soweit hineingeschoben, bis die Düsen an einem Ende

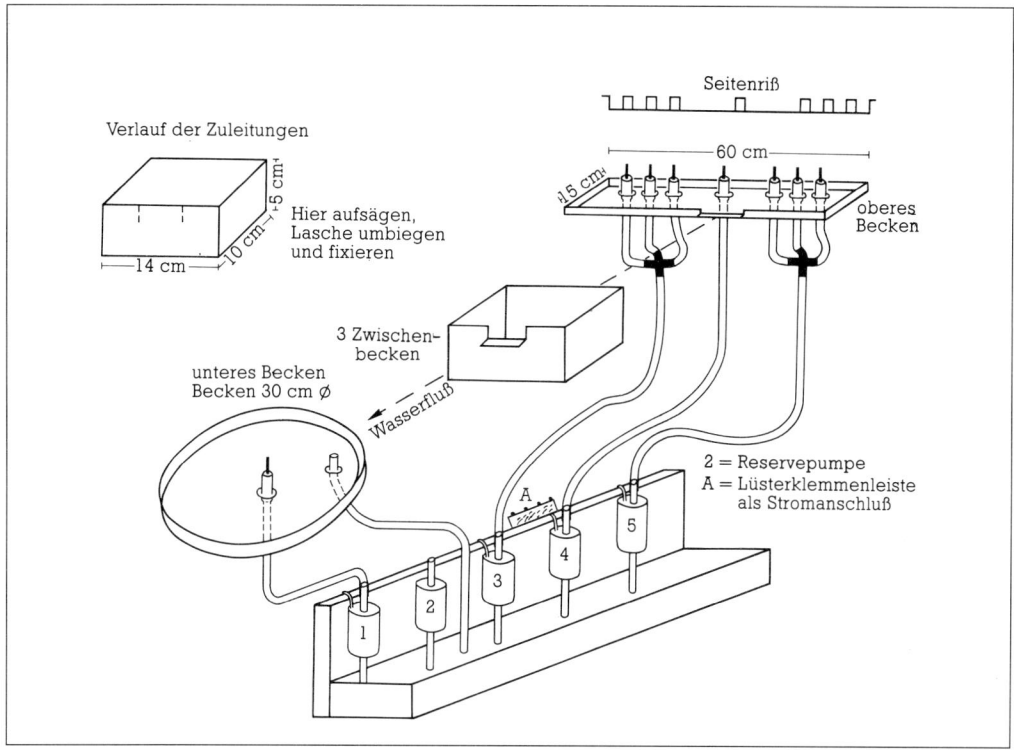

Abb. 90: Verlauf der Leitungen und Anordnung der Wasserbecken

ca. 1 cm überstehen. An diesem Schlauchende wird der Zwischenraum beider Schläuche auf 5–10 cm Länge mit Silicon ausgefüllt. Dann wird der Fischer-Technik-Schlauch so lange gedreht, bis er sich im Querschnittsmittelpunkt des 1-cm-Schlauches befindet (siehe Abb. 86 und Skizze).

● **Einbau der Düsen**
Die Schläuche lassen Sie über Nacht trocknen. Sobald das Silicon fest ist, kleben Sie die Schläuche mitsamt den Düseneinsätzen so in die Wasserbecken, daß der 1-cm-Schlauch nach oben ca. 1 cm weit aus dem Beckenboden herausschaut. Falls Sie das untere Becken – wie wir – mit ca. 1 cm Gießharz ausfüllen wollen, muß der Schlauch dort 2 cm aus dem Boden herausschauen. Schläuche und Becken werden mit Profix-Spezialkleber-Weich-PVC miteinander verklebt und mit Silicon verfugt.

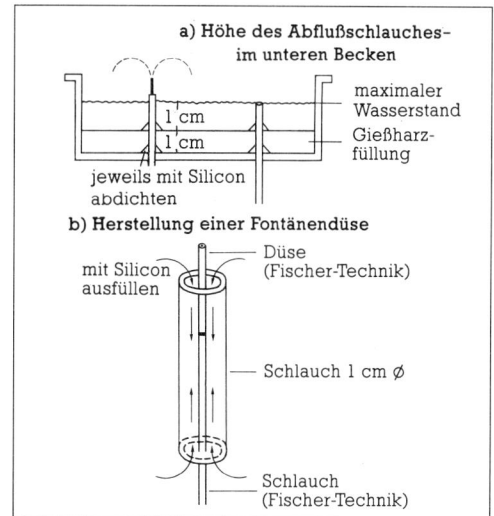

Abb. 91: Details zum Einbau der Wasserspiele

Klebstoff und Silicon müssen gut ausgetrocknet sein, wenn das untere Becken jetzt einer Behandlung nach 7.1 unterzogen werden soll. Die trockenen Becken werden probeweise in das Schloßparkmodul eingesetzt und eventuelle Richtarbeiten vorgenommen. Damit das Wasser später auch in die gewünschte Richtung läuft, sollten die Becken waagerecht im Schloßpark liegen.

Tip: Tunken Sie beim Arbeiten mit Silicon die Finger regelmäßig in Wasser, dann können Sie es bequem verstreichen.

● **Anschluß der Düsen an die Pumpen**
Die Düsendreiergruppen im oberen Becken an den Seiten werden mit Verteilern aus dem Faller-Pumpenergänzungsset zusammengefaßt und von je einer Pumpe mit Wasser gespeist. Die Düse in der Beckenmitte und die Düse im unteren Becken werden von je einer Pumpe mit Wasser versorgt. Deshalb sind diese Fontänen auch entsprechend größer als die anderen.

Ein Übergang von einem Schlauch mit großem Querschnitt auf einen mit kleinem Querschnitt kann auch improvisiert werden, falls gerade kein passendes Kuppelstück vorhanden ist.
Einfach den kleineren Schlauch etwa 5 cm in den großen Schlauch hineinschieben, beide Schläuche mit Profix-Spezialkleber-Weich-PVC miteinander verkleben; trocknen lassen, fertig.
Sobald alle Schläuche gemäß Abb. 90 verbunden sind und der Ablaufschlauch in der Kunststoffwanne hängt, können die Wasserspiele mit Wasser gefüllt werden. Die Kunststoffwanne der Pumpen wird bis 1 cm über die Ansaugstutzen der Pumpen mit Wasser gefüllt, die Becken bis zum Überlauf.
Und nun alles abdecken und die Badehose an! Die Wasserspiele werden erstmals in Betrieb genommen. Falls Sie ohne größere „Regengüsse" davonkommen und alles funktioniert, wird der Ablaufstutzen so justiert, daß kein Wasser über den unteren Beckenrand treten kann.
Die Becken werden wieder geleert, getrocknet und mit blauer Schwimmbadfarbe gestrichen. Jetzt kann die Feingestaltung des Beckenbereiches beginnen.

3. Beschreibung der Autowaschstraße

Eine Kombination von bewegtem System und einer Echtwasseranlage stellt unsere Autowaschstraße dar. Dieses Modul im Modul hat einen Autokreislauf und eine Waschhalle, in der die Fahrzeuge mit Wasser abgespritzt werden.
Der Antrieb für die Autos besteht wieder aus Fischer-Technik-Teilen. Wegen des fließenden Wassers wurde in die Straße ein kleiner Schlitz eingelassen. Die Autos werden durch kleine Stifte direkt (und nicht über Magnete) von der Kette angetrieben. Der Motor und die Kette sind von unten an der Straßendecke, die hier aus einer stabilen Holzplatte besteht, befestigt. In den

Boden der Autos wurden kleine Löcher gebohrt, in die die Metallstifte eingreifen. Kette und Stifte sind also getarnt.
Die Tankstelle ist von Revell, das Parkhaus von Vollmer und der Autosalon ein aufgestocktes Pola-Gebäude. Die Waschhalle wurde aus Plastikplatten zurechtgesägt und zusammengeklebt.
In der Halle wurden Düsen aus dem Pumpenergänzungsset von Faller angebracht und mit Schläuchen aus dem gleichen Set versehen. Die Schläuche wurden sodann mit Kuppelstücken (aus dem gleichen Set) verbunden und an eine Scheibenwischerpumpe angeschlossen.

Die Grundplatte des Moduls wurde mit einer Wasserwanne versehen, an deren Rand die Pumpe so befestigt wurde, daß sie immer etwas unter Wasser steht. Dies ist notwendig, da sie nach dem Prinzip der Kreiselpumpe funktioniert: Ein Motor treibt ein Schaufelrad in einem kleinen Gehäuse an, und dieses Rad „schaufelt" das Wasser nach oben. Das funktioniert aber nur, wenn das Schaufelrad im Wasser steht. Eine solche Pumpe kann kein Wasser ansaugen. Diese Pumpen dürfen, wie schon erwähnt, nur kurzzeitig betrieben werden, und so muß sich der kleine Rennwagenfahrer mit Regenschirm mächtig beeilen, damit sein Auto noch vor dem großen Rennen gewaschen wird.

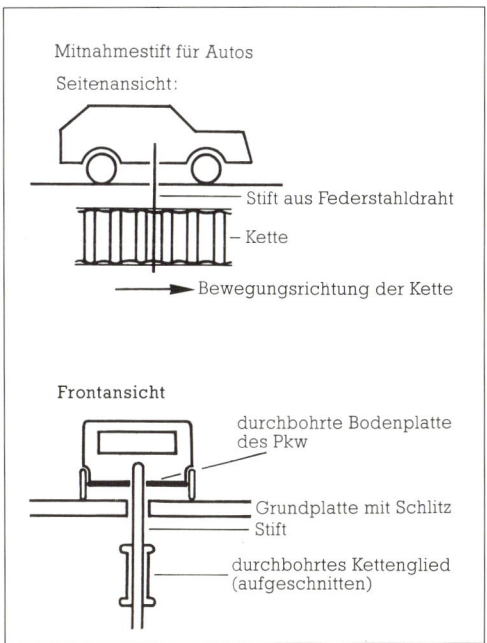

Abb. 92: Kettenantrieb für die Waschstraße

Abb. 93: Bei abgehobenem Dach sind die Einzelheiten der Waschstraße gut erkennbar.

Abb. 94: Die Waschstraße aus einer realistischen HO-Perspektive gesehen

—— **Kapitel 11** ——

Der Hintergrund

Ob kleines Diorama oder ganze Stadt – richtig abgerundet wird so ein Fleckchen Erde erst mit dem richtigen Abschluß nach hinten, also dem Hintergrund. Nichts wirkt illusionszerstörender als eine fette rote Blumentapete hinter bizzarren Alpengipfeln. Mit einfachen Mitteln läßt sich hier viel an Tiefenwirkung erreichen:

- Als Minimum sollten Sie Ihre Modellwelt mit neutralem weißen – oder besser: hellblauen – Hintergrund begrenzen.
- Zwischen Anlage und Hintergrund sollte immer ein kleiner Abstand sein.
- Raumecken, vorstehende Kamine, Nischen etc., sollten ab- bzw. ausgerundet werden, z. B. mit Karton.

- Versuchen Sie nie, Ihrem Diorama mit aus Katalogen ausgeschnittenen Gebäudephotos mehr Tiefe zu verschaffen. Diese Photos weisen fast immer perspektivische Verzerrungen auf. Ein solcher Hintergrund wirkt immer nur aus einem einzigen Blickwinkel gut. Schon durch leichte Kopfdrehung fällt dem Betrachter die Verzerrung negativ auf.
- Ein Kalenderfoto oder ein Poster mit entsprechender Perspektive kann für ein Kleindiorama der ideale Hintergrund sein. Für ausgewachsene Modellbahnanlagen sind solche Abbildungen aber meist zu klein.

Abb. 95: Kulissengebäude vor dem selbstgemalten „Himmel"

Um einen befriedigenden Hintergrund für Ihre Anlage zu bekommen, gibt es zwei Wege: Entweder gestalten Sie den Hintergrund mit der entsprechenden Hintergrundkulisse eines Modellbahnherstellers, oder Sie versuchen selbst, einen Himmel zu malen.

Die im Handel erhältlichen Hintergrundkulissen werden als mehrteilige, langgestreckte Poster geliefert und entweder direkt an die Wand geklebt oder besser auf einen Holzrahmen aufgezogen und hinter der Anlage befestigt.

Eine Zwischenstufe von gekauftem zu selbstgemaltem Hintergrund stellen die gemalten Gebäude und Hintergrundlandschaften von MZZ dar. Diese Hintergründe, die weitgehend auf Perspektive verzichten, lassen sich hervorragend kombinieren und auch variieren, da sie durch eigene Malerei ergänzt werden können.

Auf der Abbildung sehen Sie, wie ein solches Bild für den Modellhintergrund präpariert wird: Zunächst wird das Hintergrundobjekt, eine Gebäudefront, mit der Schere ausgeschnitten. Dann wird es auf einen passend zurechtgeschnittenen Karton mit Pritt Alleskleber aufgeklebt. Nach dem Trocknen wird es mit Stecknadeln vorläufig am Hintergrundhimmel befestigt oder in geringem Abstand davon an der Anlagenrückseite festgetackert bzw. -genagelt.

Der Hintergrund unserer Anlage Liebstadt wurde von einem erfahrenen Dekorateur gestaltet. Solch eine Meisterleistung erfordert viel Übung und detaillierte Materialkenntnis.

Die verspannte Leinwand wurde erst mit weißer Dispersionsfarbe gestrichen. Nach dem Auftrocknen wurde der Himmel blau gemalt. Da ein Himmel jedoch nie gleich-

Abb. 96: Materialien und Werkzeug zur Erstellung eines Hintergrundes

mäßig blau ist – schon gar nicht bei uns in Mitteleuropa – mußte der Hintergrund noch weiter behandelt werden. Der Übergang vom satten Blau zum zarten Hellgrau wurde dabei durch Überwischen der blauen Farbe erreicht. Dies geschah mit einem mit verdünnter weißer Farbe getränkten Schwamm. Schließlich wurden die Wolken aufgemalt.

Und damit begann ein schöner, heller Sommertag für Liebstadt, der auch noch anhält, wenn die großen Leutchen draußen längst wieder durch graue Regentage tapsen müssen.

_____ Kapitel 12 _____
Ein paar Spielideen

1. Aufbau kleiner Szenen

Nun zum Drama auf dem Diorama.
Setzen Sie sich beim Spielen am besten so, daß Sie aus der Höhe der kleinen Figuren und nicht aus der Vogelperspektive auf Ihr Szenarium schauen.
Die Marktfrauen an ihren Ständen vergraben die Hände nicht untätig unter der Schürze. Sie wollen verkaufen und sind aktiv. So wickelt die eine Melonen in die Zeitung. Die andere greift nach dem Salatkopf, auf den die Mutter zweier an ihr zerrenden Zöpfchen-Mädchen zeigt.
Ein kleiner Junge macht Anstalten, sich eine große Orange zu stibitzen. Aber die gewichtige Marktfrau sieht das und holt aus. Dies wiederum bemerkt eine zierliche Oma, die die Umstehenden mit ausgestrecktem Zeigefinger darauf hinweist.

Die Leute drehen sich um. Keiner achtet auf den Dackel Herbert, der seelenruhig das Beinchen beim Kinderwagen hebt.
Unsere Persönchen sollten immer in situative Beziehungen eingebunden werden und nicht wie starre Monumente in der Landschaft kleben. Bauen Sie also mehrere lebendige Szenen schwerpunktmäßig in Ihre Anlage hinein: eine Touristengruppe in die Altstadtgasse, einen Karnevalsumzug usw. Und wenn Sie die Feuerwehr im Einsatz darstellen, dann gibt es auch Schaulustige und garantiert einen Verkehrsstau dazu. Auch kleine Krimis können Sie wie ein Filmregisseur arrangieren: einen Banküberfall. Dazu gleich die Auflösung: Oben auf dem Dach steht ein Fernsehteam und filmt das Ganze für die „Versteckte Kamera".

2. Technische Spiele

Je nach Thematik Ihrer Anlage lassen sich die Szenarien mit technischen Abläufen verbinden. Oben im Wald fällen Waldarbeiter Bäume. Die Stämme werden mit Pferdewagen oder Traktor zur LKW-Verladung gefahren. Die transportieren sie weiter zum Güterzug, der sie schließlich zum Sägewerk bringt. Dort liegen ganze Stapel mit Schnittholz, die wiederum per Bahn oder LKW zur weiteren Bearbeitung in die Möbelfabrik gefahren werden.
Ähnliches können Sie um das (mechanisierte) Kieswerk oder die Spedition inszenieren. Selbstverständlich läßt sich auch mit der Bahn hervorragend spielen: Güter-

wagen werden auf das Abstellgleis rangiert und dort punktgenau vor dem Güterschuppen abgestellt. Kurswagen wechseln von der Nebenbahn zum Fernexpreß. Züge werden zusammengestellt und zerlegt, Lokomotiven zur Wartung ins Betriebswerk geschickt. Ein eigener Fahrplan wird ausgetüftelt, ausprobiert, verändert, bis alle Anschlüsse stimmen, ausgehend von den „internationalen" großen Zügen über Eil- und Personenzüge bis zum Bahnbus, auf den wiederum die Seilbahn wartet. Sodann wird durchgespielt: Onkel Harry kommt auf seine alten Tage nochmal mit dem Kopenhagen-Wien-Expreß per Umsteiger in sein

Bergdörfchen zurück – mit einem Riesenhut, damit er leichter angefaßt werden kann.

Natürlich hat man oben einen feierlichen Empfang vorbereitet, der drei Tage dauern wird. (Die Modellbahnzeit östlich von Greenwich: 5 Minuten = eine Stunde Modellzeit.)

3. Rollenspiele mit der ganzen Familie

Eigentlich wurde ja die Modelleisenbahn zum Spielen der Kinder entwickelt. Aber heute werden immer teurere, vorbildgerechtere Modelle von immer spezialisierteren Vätern in immer höhere Regale vor den Kinderhänden verschlossen. So bleiben die eigenen Kinder meist draußen und wenden sich anderen Spielen zu.

Dabei bietet gerade die malerisch-reizvolle, plastische Modell-Landschaft den tollsten Hintergrund, um sich in die kleinen Bewohner hineinzudenken. In ihren Rollen die Situationen dieser kleinen Welt zu meistern ergibt ein äußerst kreatives Spiel, das die ganze Familie zusammenbringt.

Etwa, wenn jeder mit seiner Person aus dem (selbstgewählten) Wohnhaus mit seinem Lieblingsauto zum Biergarten von Frieda Blitz zuckelt. Dort trifft man sich mit den anderen Stadträten und debattiert: Was soll mit dem unbebauten Gelände hinter der alten Mühle geschehen? Vater – in der Rolle des Bürgermeisters – möchte eine Fabrik ansiedeln, weil deren Steuern Geld in die Kasse bringt. Der Bahn-Obersekretär will die Fläche für ein modernes Container-Terminal nutzen. Oder setzt sich Lisa durch, die als Wirtin „Frieda Blitz" dort gern einen Rummelplatz mit Riesenrad und Karusells hätte?

Da aber springt Mutter, alias Hermine Grünmann, auf den Terrassentisch. Ihre Fraktion fordert eine große grüne Wiese mit 28 Kühen und immer blühenden Kirschbäumen drauf ...

Die kleinen Szenarien können auch Kulisse für Fortsetzungsgeschichten bilden. Mutter erzählt: Es war einmal ein abgelegener Bahnhof, da hielten schon lange keine Züge mehr. Aber Ludwig, der alte Bahnhofsvorsteher, und sein treuer Hund Alfons, hofften immer, daß doch eines Tages ... (Und nun gestalten die Kinder baulich und erzählerisch das Geschehen mit.) Und tatsächlich ...

Anlagen- und Dioramenbau ist ein Hobby, das den Blick schärft für die vielen realen Details draußen, aber gleichzeitig im schöpferischen Spiel einen erholsamen Abstand zur Alltagswelt schaffen kann.

Abb. 97: Rollenspiel in der Modell-Landschaft

Bezugsquellennachweis

(außer Modellbahnartikel)

Black und Decker
Bandschleifer
Bohrmaschine
Kreissäge mit Sägetisch
Satz Holzbohrer 1–10 mm
Schraubstock
Styroporschneider
Tacker

Minicraft
Akkukleinbohrmaschine
Aufsatzdorn
Bohrer 0.1 mm bis 4 mm
Bohrständer für Kleinbohr-
maschinen
Fräse
Kleinbohrmaschine mit
Trafostation
Minitischkreissäge
Polierscheibe
Sägeblatt
Schleifscheibe
Schraubendreherset
Trennscheibe

Conrad-Versand
Akkulötstation
Elektrokleinteile
Gripzange
Faulhabermotor mit
Getriebe
Kreiselpumpe
Lötzinn
Lötstation

Henkel
Assil IF Isolier-
und Füllschaum
(oder: Assil VS Montage-
schaum)
Assil K Kontaktkleber
für Styropor
Dufix Leicht und Fertig
Füllspachtel
(Dufix Leichtspachtel)
Pattex Super-Gel
Sekundenkleber
Pattex transparent
Pattex Plastic

Ponal
Ponal Super 3
Pritt Alleskleber
Profix Spezialkleber
Weich-PVC
(oder: Pattex Super-Gel)
Profix Spezialkleber
Hart-Plastik
(oder: Pattex Plastic)
Sista Universal-
Fugendichter

Pelikan
Malpinsel, diverse Stärken
Plaka-Farben

Hobby-Time
Abtönfarbe für Gießharz
Gießharzmischgefäß
Gießharz mit Härter
Gießharzschalen
Kupferband verzinnt –
selbstklebend
Rührstäbe

Schutzhandschuhe
Stäube für Trockenalterung

Bauhaus
Bastelmesser
Blumenuntersetzer
Eisenwaren
Federstahldraht
Feingips
Gaze
Gefäße zum Anmischen
Haushaltsgummis
Holzmaterial
Kunstharzfarben
Spachtel
Tischböcke
Vogelsand
Vorhangschienen
Wäscheklammern
Wäscheleine mit Kunststoff-
mantel
sonstiges Werkzeug

Anschriften der Hersteller und Lieferanten

K. Arnold GmbH & Co.,
Postfach 1251,
8500 Nürnberg 1

Bauhaus GmbH & Co. KG
Süd,
Basler Landstr. 13,
7800 Freiburg i. Br.

Black & Decker GmbH,
Postfach 1202,
6270 Idstein/Ts.

Brawa, Artur Braun,
Postfach 1120,
7050 Waiblingen

Busch GmbH + Co KG,
Postfach 1260,
6806 Viernheim

Conrad Electronic GmbH,
Klaus-Conrad-Straße 1,
8452 Hirschau

Gebr. Faller GmbH,
Postfach 65,
7741 Gütenbach/
Schwarzwald

fischertechnik, fischer-
werke, Arthur Fischer
GmbH & Co. KG,
7244 Tumlingen/Waldachtal

Fimo,
Eberhard Faber GmbH,
8430 Neumarkt

Gebr. Fleischmann,
Kirchenweg 13,
8500 Nürnberg 90

Haberl + Pabst,
Postfach 31 01 03,
8900 Augsburg 31

Heljan Plastic A/S,
Egestubben 24,
DK-5270 Odense N,
Dänemark

Heki Kittler GmbH,
Am Bahndamm 10,
7550 Rastatt 15-Wintersdorf

Henkel KGaA,
Postfach 1100,
4000 Düsseldorf 1

Herkat,
Schloßbäckerstr. 18–24,
8500 Nürnberg 70

Herpa Riwa,
Fritz Wagener GmbH,
Leonrodstr. 46,
8501 Dietenhofen

hobby-time
bastel-system gmbh,
Postfach 60,
7995 Neukirch/Bodensee

Humbrol, Plasty Spiel- und
Sportartikel GmbH,
Postfach 1220,
6823 Neulußheim

kibri Spielwarenfabrik
GmbH,
Postfach 1540,
7030 Böblingen

Liliput, Walter Bücherl,
Kalvarienberggasse 22,
A-117 Wien

Lima-Vertrieb Deutschland,
Moba-Vertrieb
GmbH & Co KG,
Bremer Str. 54,
8510 Fürth

Gebr. Märklin & Cie.
GmbH, Postfach 860,
7320 Göppingen

Merkur Eisenbahn +
Modellbau,
Gewerbestr. 5,
7801 Hartheim

Walter Merten
Spielwarenfertigung GmbH,
Industriestr. 25,
1000 Berlin 42

Minicraft GmbH,
Postfach 1202,
6270 Istein/Ts.

Modellbahnzubehör
MZZ AG,
Windeggstr. 24,
CH-8203 Schaffhausen

Noch GmbH & Co.,
Postfach 156, 7988 Wangen

Pelikan AG,
Postfach 103,
3000 Hannover 1

Pola Spiel- und
Freizeitartikel GmbH,
Am Bahndamm 59,
8734 Rothhausen

Paul M. Preiser KG,
Postfach 1233,
8803 Rothenburg o.d.T.

Revell Plastics GmbH,
Postfach 2609,
4980 Bünde 1

Roco-Modellspielwaren
GmbH & Co. KG,
Postfach 38,
A-5033 Salzburg

Martin Schneider,
Postfach 10,
7336 Uhingen

Silhouette,
Albert Rademacher,
Am Glockenbach 11,
8000 München 5

Skale-Link,
Vertrieb
Railsystems-Design,
Thielallee 6a,
1000 Berlin 33

Sommerfeldt,
Friedhofstr. 42,
7321 Hattenhofen

Titan GmbH,
Postfach 10 06 24,
7170 Schwäbisch Hall

Trix Mangold GmbH,
Postfach 4948,
8500 Nürnberg

Rüdiger Uhlenbrock,
Beckheide 11,
4250 Bottrop

Vollmer GmbH,
Postfach 40 09 20,
7000 Stuttgart 40

Woodland Scenes,
Vertrieb
Railsystems-Design,
Thielallee 6a,
1000 Berlin 33

Register